U0837601

用内疚的镜子 醒悟真实的自己

反躬自省后走向成功之路

主编 拾 月
编著 陈志华

图书在版编目(CIP)数据

用内疚的镜子 醒悟真实的自己：反躬自省后走向成功之路 / 陈志华编著. -- 北京：现代出版社，2015.4
ISBN 978-7-5143-3514-9

Ⅰ. ①用… Ⅱ. ①陈… Ⅲ. ①成功心理－青少年读物 Ⅳ. ①B848.4-49

中国版本图书馆 CIP 数据核字(2015)第 067778 号

用内疚的镜子 醒悟真实的自己：反躬自省后走向成功之路

主　　编 拾 月
编　　著 陈志华
责任编辑 王敬一
内文制作 诚美天下文化传播有限公司
出版发行 现代出版社
地　　址 北京市安定门外安华里 504 号
邮　　编 100011
电　　话 (010)64267325
传　　真 (010)64245264
邮　　箱 xiandai@cnpitc.com.cn
网　　址 www.1980xd.com
印　　刷 三河市华晨印务有限公司
开　　本 700mmx1000mm 1/16
印　　张 9
版　　次 2015 年 5 月第 1 版 2021 年 3 月第 3 次印刷
书　　号 ISBN 978-7-5143-3514-9
定　　价 29.80 元

前言

青少年是社会的宝贵财富，是人类的希望和未来，正所谓“少年强则国强”。为此，大至一个国家、一个民族，小至一个家庭、一个家族，都特别重视青少年的教育问题。希望他们成为社会的中坚，家族的骄傲。一句话，就是希望他们成为成功的人。于国，能成为有用的人才；于家，能成为顶梁柱。不仅仅要学习好，还要有辨别人世间善、恶、美、丑的能力。在每个人的人生中，除了需要自身的因素之外，还需要拥有感受世界的能力。

恩师、成长，是人生成长、受业与收获，恩师给予我们知识、道理，最终收获了成长。

创意、希望，是对未来充满了信心和奋斗的勇气。

辩证、改变，是让我们学会理性而冷静地面对人生。

犹豫、内疚，是内心的一个警钟，让我们时刻保持着自信。

谦卑、焦虑，是对于生命真谛的领悟。

青春，是人最美好的一段时光，也是人格、性格定型的重要阶段，在这个时期，我们需要享受青春的快乐，同时也需要完成自我塑造。通过心理自助，最终从一个小男生、小女生逐渐成长为一个有着健全人格的人，成长为一个对社会、对家庭、对自我有着相对完整认知的人，成长为能够为自己的未来做主的人。这才是一个最充实、最有价值的青春。每个梦想都值得我们认真对待，每个青少年都是未来的希望。在青春中我们不仅要有欢乐，同时也要拥有未来！

本丛书是你化解烦恼的“心灵鸡汤”，可以给你快乐的心理自助；本丛书会让你认识到：掌控心理，方能掌控世界；改变自己，才能改变一切。本丛书还将告诉你：只有实现积极的心理自助，才能收获快乐而充实的青春。

目录

第一篇 承认不完美，把自己请进生活

第二篇 热情不灭，人生才会迸发火花

第三篇 宁静心灵，多想你拥有的

目录

第四篇 人生如戏，可又有别于戏

第五篇 从爱自己开始，打开心灵之门

第一篇

承认不完美，把自己请进生活

健康的内疚感是心灵的“报警器”，会提醒人们照顾他人的利益和感受，调整自己的人际关系，这有利于个体适应社会生活。过少或者过多的内疚感都是不健康的，过多的内疚感是心灵的“毒药”，会导致内疚者长期生活在压力、紧张和痛苦中，十分不利于身心健康。

认识自己的内疚感

故事话题

卢梭小时候因为家里很穷，为了生存下去，只好到一个伯爵家去当小佣人。伯爵家的一个侍女有一条漂亮的丝带，特别讨人喜爱。

一天，卢梭趁周围没人，从侍女的床头拿走了这条小丝带，跑到院子里玩赏起来。

正在这时候，一个仆人从他身后经过，发现了卢梭手中的小丝带，便立刻报告了伯爵。伯爵特别生气，便将卢梭叫到身旁，厉声追问起来。

卢梭紧张极了，心想：如果承认丝带是自己拿的，那么自己就肯定会被辞退。以后再找工作，就会变得更难了。他结巴了好大一会儿，最后竟撒了个谎，说丝带是小厨娘玛丽永偷给他的。伯爵半信半疑地让玛丽永过来对质。

善良、老实的玛丽永听到这事后脑瓜子顿时懵了，一边流泪，一边说："不是我，决不是我！"可卢梭却死死地咬住了玛丽永，并把事情的经过编造得有鼻子有眼。这下子，伯爵更加恼火了，索性将卢梭和玛丽永一起辞退了。

当两人离开伯爵家的时候，一位长者意味深长地说："你们之中必有一个是无辜的，说谎的人一定会受到良心的惩罚！"果然，这件事情给卢梭带来了一生的痛苦。

四十年后，卢梭在自传《忏悔录》中坦白说："这种沉重的负担一直压在我的良心上……促使我决心撰写这部忏悔录。""这种残酷的回忆，常常使我苦恼，在我苦恼得睡不着的时候，便看到这个可怜的姑娘前来谴责我的罪行……"

故事解析

每一个人都遇到过令自己内疚的事情，它会让人产生焦躁、苦恼、痛苦的心理。所以心灵上的安宁平和是每个人所渴求的，但当你做错事、感觉对不起别人、内心受到谴责的时候，你是选择逃避、压抑，还是寻求解脱灵魂的方法呢？

其实，我们每个人都需要做一件事：承认自己的不完美，学会原谅自己。诚然，有很强的上进心，时刻自省，感到内疚是件好事，但要知道，你没有能力把每件事都做得比别人好，这并不是你的过错。尝试着原谅自己，会让心灵得到解放，让自己活得更轻松。

故事穿越

十几年前，林琳娜的儿子刚上中学。

有一天，林琳娜患上了很重的感冒，持续了好些日子仍不见好。

因为工作太忙，林琳娜没有到医院去，只是在单位卫生所开了点药，仍然坚持上班。

有天放学后，儿子笑嘻嘻地走进了林琳娜的办公室，往林琳娜的桌上放了一盒东西：“妈妈，快吃药，吃了药，您的感冒就好了。”

林琳娜放下手中的工作，瞟了一眼，大吃一惊！那是一盒刚上市不久的新药，广告做的铺天盖地，价格当然不菲。这孩子竟敢拿着零花钱买这么贵的药！林琳娜不由分说地大声训斥儿子，责怪他不该擅作主张乱花钱买这种不知疗效的新药。儿子满脸的欣喜顿时烟消云散，悻悻地走了。

看到儿子那失落的眼神和背影，林琳娜突然意识到自己的冲动，一句脱口而出不计后果的话是否伤害儿子稚嫩而孝顺的心？

下班后，林琳娜赶紧找机会解释这件事，她非常担心儿子会因为这件事耿耿于怀，感到委屈。

事情过去了十几年，直到现在，林琳娜依然在说：“不知道儿子至今是否记得这件事，但在我的心里，每每想起就总有一些不安，有一些歉疚。”

日记

故事微语

内疚是一个人认为自己对实际的或者想象的罪行或过失负有责任，而产生的强烈的不安、羞愧和负罪的情绪体验。内疚者往往会产生良心和道德上的自我谴责，并试图做出一些努力，来弥补自己的过失。

我们不能保证自己将所有的事情都处理得非常完美，也不能保证我们无意中不会伤害他人，所以，我们要学会谅解自己，不要给自己太多的内疚感。

心灵箴言

内疚神明，外惭清议。

——曾国藩

纯洁的人生从忏悔开始。

——冯骥才

一种美德的幼芽、蓓蕾，这是最宝贵的美德，是一切道德之母，这就是谦逊。有了这种美德我们会其乐无穷。

——[西班牙] 加尔多斯

不要被内疚感击倒

故事话题

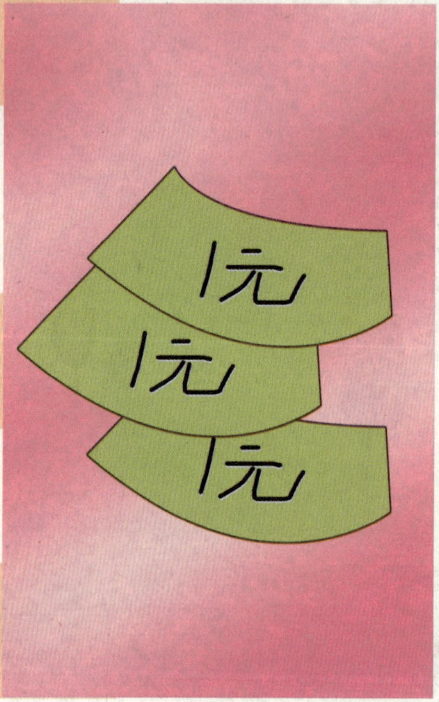

十多年前，张虎林到一个小镇去。在那个小镇里唯一的百货商店里，张虎林看到一个男人带着一男一女两个小孩儿在店里买鞋。男孩儿十岁左右，女孩儿十三四岁的样子。

男孩儿很快就挑到了一双男鞋。女孩儿看了一会儿女鞋后目光又落在男鞋上，她也挑了一双男鞋。

父亲问女孩儿为什么挑了一双男鞋，女孩儿回答说家里穷，男鞋以后还可以留给弟弟穿。这位父亲一听就心疼得要掉泪，多懂事的孩子！他不想给女儿留下遗憾，便毫不犹豫地说："孩子，爸再穷也要让你穿着鞋到乡里上学啊！"

听了父亲的话，女孩儿放下男鞋，欢天喜地地挑起女鞋来，可是挑了一会儿，她还是放下了女鞋，重新拣了那双男鞋，让父亲给她付钱。父亲含着泪付了钱，带着两个孩子走了。

店里的服务员告诉张虎林，那个女孩儿学习成绩很好，考上了乡里的中学，在家读书时，女孩儿从来没穿过鞋，做代课教师的父亲工资很少，但他不忍心看着女儿赤着脚到乡里上学。于是带着两个孩子来乡里买鞋。

离开商店后，张虎林就一直在后悔，后悔自己为什么没有给女孩儿买下那双鞋，为什么不能让女孩儿满足穿上漂亮女鞋的小小心愿呢？那双女鞋只要三块多钱，仅相当于他当时一天的补助。他竟然会漠视这眼前的一切！

那位父亲含泪付钱的情形一天比一天清晰地压在他的心头，他为自己当时的冷漠深深地内疚着，这份内疚在他心里长了十多年了，每每想起来他就要狠狠地自责一番。

故事解析

其实，女孩儿和女孩儿的父亲一定没有产生过要别人代买鞋子的念头，他们也根本不会知道有人会因此而内疚很多年。张虎林的那份内疚源于他是个非常善良的人。

内疚是一种非常微妙的感觉，它是从心底产生的情绪，而且会常常十分强烈地影响着你的情绪，有时甚至会影响你的一生，改变你的生活。但是不要被自己的内疚感击倒，毕竟我们不可能将所有的事情都做到完美。

应该说，会内疚的人一般都是懂得自省和约束自己的人。在人生的道路上，内疚往往起着修正或矫正人们前进路线的作用。

故事穿越

皮特在一个工人居住区长大，在经济不景气的时候，大批工厂被迫关闭，这时候，即使是在大白天，酒吧里也坐满了闷头喝酒的人。

父亲督促皮特学些蓝领阶层的糊口本领，可皮特却想成为一名作家。

“你以为你是谁?”这是朋友们对他的理想做出的一致反应。

然而，皮特却最终实现了自己的理想，成为一个才华出众的文人。

皮特感到特别内疚，因为他虽然已经出人头地，但是他的朋友们的生存状况并没有得到改善，他特别害怕之前的朋友们会因此而远离他，他开始经常和老朋友们一起酗酒。

“那些人认为他们是失意者，而我是发达者，如果我仅仅是他们中的一个酒鬼，穿着他们的鞋出去呕吐，又有谁会说我是势利眼，说我忘了朋友呢？喝得醉醺醺的，说明我没有觉得自己多神气，也不会忘本。”

但光阴却迅速地在酗酒中一闪即逝，最后，皮特终于意识到，不管他自以为欠朋友们什么，但绝不欠一样东西。他开始收起酒瓶，重新规划自己的生活。

故事微语

朋友是生命旅途中的同路人，有的人可能会陪伴你走较长的路，有的人则要短些。有时候，人生的一个岔路口便会让自己和朋友们走向不同的道路。我们不要因此而盲目地内疚，必须使劲站起来继续往前走。

如果你因为成功而与朋友拉开了距离，这并不是你的过错，即使在一起再也没有共同语言，也不意味着你瞧不起老朋友，也不应该因此而产生内疚，我们应该继续热爱我们的生活。

心灵箴言

治人者必先自治，责人者必先自责，成人者必须自成。

——钱琦

仁厚、友善的方式比任何暴力更容易改变别人的心意。

——[美] 卡耐基

人们将永远赖以自立的是他的智慧、良心、人的尊严。

——[苏联] 苏霍姆林斯基

自我欣赏，摆脱内疚的束缚

故事话题

亨利在他三十岁生日那天站在河边发呆，他在思考自己是否应该放弃自己的生命。因为他从小就在收容院里长大，身材矮小，长相也不好，说话还带着浓厚的乡下口音，他一直认为自己是一个又丑又笨的乡巴佬，所以连最普通的工作都不敢去应聘。

就在这时候，与亨利一起在收容院长大的好朋友约翰兴冲冲地跑过来说："亨利，告诉你一个好消息！我刚刚从收音机里听到一则消息，拿破仑曾经丢失一个孙子。播音员描述的相貌特征，与你丝毫不差！"

"真的吗？我竟然是拿破仑的孙子？"亨利一下子精神大振。联想到拿破仑曾经以矮小的身材指挥着千军万马，用带着泥土芳香的口音发出威严的命令，他顿时感觉自己矮小的身材同样充满了力量。

第二天一大早，亨利便满怀自信地来到一家大公司应聘。

几十年后，亨利已经成为这家大公司的总裁，并查证出自己并非拿破仑的孙子，但这早已不重要了。

在一次讲座上，有人向亨利提出一个问题："作为一名成功人士，您认为，在成功的诸多前提中，最重要的是什么？"亨利没有直接回答他的问题，而是讲了这个故事。

最后，亨利说："接纳自己，欣赏自己，将所有的自卑全都抛到九霄云外。我认为，这就是成功最重要的前提！"

故事解析

亨利曾经因为自己的出身、身材、长相和口音而不自信，甚至差点走上自杀的道路。但是，最后在“拿破仑的孙子”的信念下，开始自我欣赏，最终摆脱了心灵上的束缚，走上了成功的道路。

不管我们认为外部环境是什么样的，真实的内疚感的原因在于我们自己，我们不应该将精力放在内疚上，应该通过练习和理智的思考，来弥补我们本身的缺陷或短处。并找到认识和证明自我的方法来进行自我欣赏。

故事穿越

一个年轻人来到绿洲，碰到一个老先生，年轻人问：“这里好不好?”老先生反问：“你觉得你的家乡好不好?”年轻人回答说：“糟透了！我很讨厌我的家乡，我恨透了那里的邻居、风俗，甚至那里的一草一木都令我感到厌恶。”老先生接着说：“那你快走吧，这里同你的家乡一样糟糕。”

后来绿洲里又来了另一个年轻人，他也碰到了这个老先生，并问了同样的问题，老先生也同样进行了反问，年轻人回答说：“我的家乡特别好，我很想念家乡的人，那里的民风十分淳朴，那里的一草一木都很值得我怀念……”老先生便说：“这里同你的家乡一样的好。”

旁听者觉得诧异，问老先生为何前后说法如此不一致呢？老先生说：“当你以欣赏的态度来看待一件事情，你便会看到许多优点；同样的，如果你以批评的态度来看待这件事情，你便会看到无数缺点。如果你能够自我欣赏，那么你就会忽视自身的一些缺点；如果你做不到自我欣赏，那么你身上的任何缺点都会让你感到内疚，甚至绝望。”

故事微语

我们每个人都是独一无二的。这个独特的“我”，不可能是十全十美的。一个人只有充分地自我接纳，懂得欣赏自己，才能自信地与人交往，出色地发挥自己的才能和潜力。假如一个人不懂得欣赏自己、接纳自己，总是以怀疑的、否定的态度看待自己，就有可能限制甚至扼杀自己的生命力。

欣赏自己并不是傲视一切，也不是唯我独尊。欣赏自己便会产生一种推动自己向挫折挑战的动力。如果你能学会欣赏自己，你就会感觉幸福无处不在，自己的所有优点都会让自己感到快乐。

同样的，如果我们都能用一种欣赏的眼光去善待自己和身边的每一个朋友，那么世界就会变得更美好。

心灵箴言

一个人是否有成就只有看他是否具有自尊心和自信心两个条件。

——[古希腊] 苏格拉底

只有满怀自信的人，能在任何地方都怀有自信，沉浸在生活中，并认识自己的意志。

——[苏联] 高尔基

发现你自己，你就是你。记住，地球上没有和你一样的人……在这个世界上，你是一种独特的存在。你只能以自己的方式歌唱，只能以自己的方式绘画。你是你的经验、你的环境、你的遗传造就的你。不论好坏与否，你只能耕耘自己的小园地；不论好坏与否，你只能在生命的乐章中奏出自己的音符。

——[美] 卡耐基

积极主动，撕掉受害者的标签

故事话题

祥林嫂的一生非常艰辛、坎坷。她早年嫁给比她小十岁的丈夫，家里有婆婆和一个小叔子，全家以打柴为生。

在一个春天，丈夫不幸去世，祥林嫂孤身来到鲁镇，后在鲁四老爷的家中做女工。她虽然是一个寡妇，但模样周正，手脚壮大，是一个吃苦耐劳的人。试工期内她干活勤快，很快就成为了鲁四老爷家中正式的女工。

日子一天一天地过去，祥林嫂的做工依然让人无法挑剔，到年底，筹备福礼，全是她一个人担当。然而好景不长，新年刚过不久，祥林嫂的婆婆突然来到了鲁镇，并强行带走了她。

原来，祥林嫂的婆婆为了给小叔子筹办结婚的彩礼，竟然将她强行嫁到了里山。在众人的强迫下，祥林嫂又嫁给了第二个丈夫。

当年年底，祥林嫂生了一个儿子，一家人平静地生活了一段时间。

然而厄运再一次降临在了祥林嫂的身上。先是丈夫死于风寒，接着儿子又惨死狼口。生活的重创彻底击垮了祥林嫂。

为维持生计，祥林嫂再一次来到了鲁镇，重新在鲁四老爷家里做工。但是这一次，祥林嫂不但没有先前的灵活，记性也差了很多，脸上也没有一丝笑容。

祥林嫂逢人便讲儿子的死和自己的悲惨遭遇，开始的时候，大家都为祥林嫂感到难过，但不久之后，祥林嫂就被大家所厌恶。鲁四老爷认为祥林嫂的作风败坏了风俗，于是从此祭祀时便不再让她插手。这对祥林嫂来说犹如一记重锤，精神状态也更差了。

后来，祥林嫂听信了柳妈迷信的说道，到庙里捐了门槛，试图以此来洗刷自己身上的罪孽。然而一切努力都是枉然，祥林嫂的境遇每况愈下，最终被逐出了鲁家，直至沦为乞丐。在一个冬天里，当家家户户都忙着“祝福”的时候，祥林嫂终于被穷苦夺去了生命。

故事解析

生活中，每个人都可能成为这样的“受害者”。这种“受害者”心态，最终会造成自己在人际关系上的疏离。人们初听“祥林嫂”的诉说，都会为她伤心遗憾，听多了，便觉得“可怜之人，必有可恨之处”。

生活中的伤害在所难免，我们要做的是保持积极的心态，不要让自己产生这种“受害者”的心态，尤其不要有意让自己变成“受害者”。撕掉“受害者”的标签，不要让自己沉浸在痛苦之中。

故事穿越

张丽丽在一家大公司销售部做文员。销售部经理是一个善于欺上瞒下的人。

工作中，张丽丽无意中得罪了经理好几次。在张丽丽看来，工作中的这些摩擦都算不上什么，大家一心为公，有分歧也应该对事不对人。再说，销售部经理也完全没必要和她这样的小人物较劲，她很快就把这些事情忘了。

一天，几个气势汹汹的保安把张丽丽的抽屉翻了个底朝天，竟从她的私人物品里翻出几件公物。毫无疑问，这是有人趁她不在的时候对她进行栽赃。她此时的辩解显得十分无力。

公司人力资源部因为她之前并没有“前科”的缘故，只是把她辞退了事。

面对同事们异样的目光，张丽丽整个人都要崩溃了。她开始酗酒，喝醉了总会拉着朋友诉说自己在这件事情中是个受害者。身边的朋友刚开始的时候还耐心地听她的诉说，渐渐地大家都开始变得不耐烦。他们再也不愿和她一起逛街，就连坐在那里听她诉苦也变得敷衍了事。

故事微语

很多时候，“受害者”的标签都是我们自己贴上去的。当你向朋友们倾诉痛苦的时候，其实也是在向他们传递一个信息：我现在心情很不好，需要你的安慰。身边的人在最开始可以包容你，但这种包容往往会随着时间的改变而改变。不要让原本可以包容你的人变得不耐烦，在遇到困难的时候，我们要学会自我安慰。

一个人最大的敌人其实就是自己。当沮丧感出现的时候，告诉自己：这只是一种情绪。尝试着用一些方法来让自己变得积极主动起来，热情地对待生命中的每一天，撕掉受害者这个标签。

心灵箴言

乐人之乐，人亦乐其乐；忧人之忧，人亦忧其忧。

——白居易

所谓内心的快乐，是一个人过着健全的正常的和谐的生活所感到的快乐。

——[法] 罗曼·罗兰

各人有各人理想的乐园，有自己所乐于安享的世界，朝自己所乐于追求的方向去追求，就是你一生的道路，不必抱怨环境，也无须艳羡别人。

——[法] 罗曼·罗兰

一个人的特色就是他存在的价值，不要勉强自己去学别人，而要发挥自己的特长。这样不但自己觉得快乐，对社会人群也更容易有真正的贡献。

——[法] 罗曼·罗兰

当我偶尔对人生失望，对自己过分关心的时候，我也会沮丧，也会悄悄地怨几句老天爷，可是一想起自己已经有的一切，便马上纠正自己的心情，不再怨叹，高高兴兴地活下去。不但如此，我也喜欢把快乐当成一种传染病，每天将它感染给我所接触的社会和人群。

——佚名

不要用你的想象去制造痛苦

故事话题

据说，西班牙的宗教裁判所和希特勒的集中营为了拷问囚犯和俘虏而特地创造了一种刑罚：将囚犯的手脚固定，然后在他们的头部上端吊一个漏斗一样的水袋，然后在睡袋里灌满水，水袋便会昼夜不停地在囚犯的头上嗒嗒地滴水，久而久之，囚犯和俘虏的神经便会错乱，直到最后甚至会发狂。

原来水袋发出的“嗒嗒”的声音在囚犯们听来，就好像是重锤击打在头上发出的声音，听的时间长了，他们的心灵便会彻底地崩溃。

故事解析

有时候我们感受到的痛苦其实并不会对我们造成伤害，只是我们将它想象得非常可怕，进而在内心产生了恐惧感。当你走过这段经历，你会发现，事情真的没有那么糟，只是我们在想象中将它无限夸大了。如果我们可以更坦然地面对这些痛苦，不刻意将这些痛苦扩大，那么，我们自然也就不再恐惧这些痛苦。

我们不要将自己陷入到对未来的恐惧中，也不要去想象痛苦。我们现在需要做的就是：把握当下，积极阳光，不再沉迷于所谓的痛苦之中。

故事穿越

前美国海豹突击队队员马库斯，曾写过一本叫《孤独的幸存者》的回忆录，里面详细记录了海豹突击队员的受训内容。可以想象，那种高强度的“地狱式”训练，考验的不仅是体能的极限，更是意志力所能承受的极限。疼痛、寒冷和恐惧，时刻都会把人逼到崩溃的悬崖边，对于受训队员来说，这里的每天都如同世界末日。

因此，教官又制订了一个比较人性化的规则。训练场上挂着一口大钟，如果哪个受训队员觉得无法忍受，只要亲自去敲响这口钟，就表示自愿放弃，便可以随时收拾行李回家。即使所有的人都把敲钟视为奇耻大辱，但是钟声依然每天都会响起。

不久，马库斯发现了这样一个现象：大多数人都不是在训练过程中放弃的，而是在晚上休息时跑去敲钟。也就是说，他们已经圆满完成了当天的训练任务。那么，最艰难的时刻都挺过来了，为什么在休息的时候会决定放弃呢？

富有经验的教官解开了马库斯心中的谜团：“他们没有专心投入当天的训练，总是在担心明天能不能熬过去，情不自禁陷入到对未来的恐惧之中，越想越害怕，于是放弃了。”

因此，教官提醒留下的受训队员：“千万不要提前去想象痛苦！要考虑未来，只关注眼前，坚持完成当天的任务就是成功。”

故事微语

痛苦并不可怕，可怕的是想象痛苦。想象中的事情并不一定会发生，只要你能正视且不放大痛苦，那么，你便不会像自己想象中的那么痛苦。

正如李笑来说的：“即便是在正常情况下，我们对我们的痛苦往往并不十分了解。最常见的误解就是，当我们觉得自己痛苦的时候，总是不自觉地把自己想象成全世界最痛苦的人。这是非常自然的，因为我们自己的痛苦我们亲身感受，而别人的痛苦我们又很难真正做到感同身受。所以，如果不努力分辨，我们当然会觉得我们自己最痛苦。”

我们不要用自己的想象来制造痛苦，让自己变得更加积极阳光，不要将自己陷入想象中的痛苦之中。

心灵箴言

极度的痛苦才是精神的最后解放者，唯有此种痛苦，才强迫我们大彻大悟。

——[德] 尼采

没有谁比从未遇到过不幸的人更加不幸，因为他从未有机会检验自己的能力。

——[古罗马] 塞涅卡

痛苦能够毁灭人，受苦的人也能把痛苦毁灭。创造就需苦难，苦难是上帝的礼物。卓越的人一大优点是：在不利与艰难的遭遇里百折不挠。

——[德] 贝多芬

第二篇

热情不灭，人生才会迸发火花

热情可以使悲观的人变得积极向上，变得豁达乐观；可以使懒惰的人变得勤奋，变得有朝气；热情可以使不认识的人对自己微笑，可以融化对方的疑虑、冷漠、拒绝；热情还会像发动机一样推动人们勇往直前，直至到达成功的彼岸。

美丽心灵，驱散心中的阴霾

故事话题

一位禅师住在山中的茅屋里修行，有一天他趁着夜色到林中散步，在皎洁的月光下，他顿时感觉自己开悟了。

他高兴地走回住处，看见自己的茅屋正在遭遇小偷的光顾。找不到任何财物的小偷，要离开的时候才在门口遇见禅师。原来，禅师怕惊动小偷，便一直站在门口等待。禅师知道小偷一定不会找到值钱的东西，所以提前将自己的外衣脱掉拿在手上。

小偷遇见禅师，正准备逃跑的时候，禅师说：“你走这么远的山路来探望我，总不能让你空手而回啊！夜凉了，你带着这件衣服走吧！”说着，就将衣服披在了小偷身上。小偷不知所措地低着头溜走了。

禅师看着明亮的月光照在小偷的脊背上，不禁感慨地说：“可怜的人呀！但愿我能送一轮明月给他。”

禅师目送小偷走了以后，便回到茅屋里打坐，渐渐地进入了空境。

第二天，禅师在阳光温暖的抚触下，睁开眼睛，看到昨天晚上他披在小偷身上的外衣被整齐地叠好，放在了茅屋门口。禅师喃喃地说：“我终于送了他一轮明月！”

故事解析

在禅师的眼里，小偷是一个被欲望蒙蔽的人，就像被乌云遮住了的明月。随之，他用自己的美丽心灵，帮助小偷驱散了心中的阴霾。

给他人的心灵一缕阳光，是一种善举，一种修养；给自己的心灵一缕阳光，是一种自我保护和修复的方式；给失败的人一缕阳光，他会获得更多战胜困难的信心；给成功的人一缕阳光，他将愈发积极地面对未来……让我们用美丽的心灵驱散心中的阴霾吧！

故事穿越

美国著名女作家海伦·凯勒在一岁半的时候因为患病而变得又盲又聋，受尽了病魔的折磨，但正是因为她的人生中出现了这个岔路，让她意外地获得了很多人的帮助。家人和老师、朋友的关怀，让海伦·凯勒变得坚强起来。

海伦·凯勒的学习过程并不轻松，在老师沙利文小姐的指导下，海伦·凯勒认真地学习起来，包括学会了讲话，用手指看书。之后，海伦通过特殊考试踏进了大学，并且出版了自传小说，建立了慈善机构……她用自己的力量为大家造福，也因此被世界各地的人们认同和热爱。

对于一个失去光明的人来说，海伦·凯勒会发自内心地感觉快乐吗？要是换了悲观的人，答案一定是否定的。但是，阳光的海伦·凯勒不仅过得很开心，还尽情地去发挥自己有限的能量，用自己的美丽心灵来驱散大家心中的阴霾。

故事微语

海伦·凯勒在遭遇一系列的不幸之后，仍然用自己的能力帮助他人，用自己的美丽心灵驱散大家心中的阴霾，所以她也得到了大家的肯定和爱戴。

我们不能不承认，这世界不可能变得完美起来，每个人都有属于自己的无奈，它们不断地给我们的心灵蒙上一层层厚厚的灰尘，这时候唯有我们美丽的心灵可以驱散这些心中的阴霾。

当生活中出现不如意的事情时，如果你的心灵因此而被阴霾笼罩，那么你的日子一定过得很不快乐。所以，我们应该敞开胸襟，对着阳光，驱散心中的阴霾，温暖便会洒满你的胸膛。

心灵箴言

面对太阳，阴影将落在你的背后。

——[美] 惠特曼

乐观主义者总是想象自己实现了目标的情景。

——[古罗马] 西尼加

世界如一面镜子：皱眉视之，它也皱眉看你；笑着对它，它也笑着看你。

——[英] 塞缪尔

释怀自己，学会让心灵舒展

故事话题

一天晚上，一群游牧部落的牧民正准备休息的时候，忽然被一束耀眼的光芒所笼罩。他们知道上帝就要出现了。因此，他们满怀殷切地恭候着来自上帝的重要旨意。

最后，上帝终于说话了："你们要沿路多捡一些石头，将他们放在你们的马鞑子里。明天晚上，你们会非常快乐，但也会非常懊悔。"

说完，上帝就消失了。牧民们感到非常的失望，因为他们原本期盼上帝能够给他们带来无尽的财富，但没想到上帝却吩咐他们去做这件毫无意义的事。但是不管怎样，那毕竟是上帝的旨意，他们虽然有些不满，但是仍旧各自捡拾了一些石头，放在他们的马鞑子里。

就这样，他们又走了一天，当夜幕降临，他们开始安营扎寨时，忽然发现他们昨天放进马鞑子里的每一颗石头竟然都变成了钻石。他们高兴极了，同时也懊悔极了，后悔没有捡拾更多的石头。

这时候，上帝又出现了，他对牧民们说："学会释怀自己吧！不要再抱怨昨天没有捡更多的石头，这次经验就是我送给你们的另外一笔财富。"

故事解析

在我们的日常生活、工作、学习中又何尝不是经常有这样的事情！有许多眼前看似石头一样的东西被我们丢弃了，然而，忽然有一天，当我们需要它的时候，它就变成了钻石，而我们却不得不为以前丢弃它而懊悔不迭。佛曰：“得之不喜，失之不忧。”学会释怀，学会减压，学会让心灵舒展，才能活得更轻松。不要抱怨你曾经将钻石当作了石头，不要抱怨自己不小心丢弃了钻石，现实有太多的不可预料，只要我们将这次的经验牢牢地记在心底，避免下一次发生类似的事件就可以了。我们不应该过多地纠结于此，要学会释怀自己，学会让心灵舒展。

故事穿越

一个年轻人背着一个大包裹千里迢迢地跑来见希迁和尚，他问希迁和尚：“大师，我是那样的孤独、痛苦与寂寞，长期的跋涉使我疲倦到极点；我的鞋子破了，荆棘割破双脚；手也受伤了，流血不止；嗓子因为大声呼喊而喑哑……为什么我还不能找到心中的阳光？”

希迁和尚问：“你的大包裹里装的是什么？”

年轻人说：“它对我可重要了。里面装的是我每一次跌倒时的痛苦，每一次受伤后的哭泣，每一次孤寂时的烦恼……靠着它，我才走到了您这儿来。”

于是希迁和尚带着年轻人来到河边，他们坐船过了河。

上岸后，希迁和尚说：“你扛着船赶路吧！”

“什么，扛着船赶路？”年轻人很惊讶地问，“它那么沉，我扛得动吗？”

“是的，你扛不动它。”希迁和尚微笑着说，“过河时，船是有用的。但过河后，我们就要放下船赶路，否则它会变成我们的包袱。痛苦、孤独、寂寞、灾难、眼泪，这些对人生都是有用的。它能使生命得到升华，但须臾不忘，就成了人生的包袱。放下它吧！孩子，生命不能太负重。”

年轻人放下大包裹，继续赶路，他发觉自己的步子轻松了很多。

故事微语

事实上，我们每个人都要像故事里的年轻人一样学会放弃人生道路上遭遇的痛苦、孤独、寂寞、灾难、眼泪等，只有这样，我们的人生才能过得更轻松。

我们要学会释怀自己，学会让心灵舒展，不要让自己背负太多，否则，我们背负的东西就会压弯我们的脊梁，阻碍我们的行程。

释怀自己，可以让我们走得更远、更久，爬得更高、更快。我们要学会用淡定、坦然的态度探寻生活中的乐趣，用乐观积极的本性来克服所有的磨难，这样的话，我们才会生活得有声有色，有滋有味，其乐无穷。

心灵箴言

放下包袱，开动机器。

——毛泽东

能坐下的时候，我绝不站着；能躺下的时候，我绝不坐着。

——[美] 亨利·福特

命运不是个包袱，既然已经上路，就不要怕沉重。学会轻装上阵是一种智慧，扔掉那些过去的好与坏，只带一个快乐的理由。路还在，需你经历的只是一场从容。

——延参法师

积极生活，抓住信手拈来的快乐

故事话题

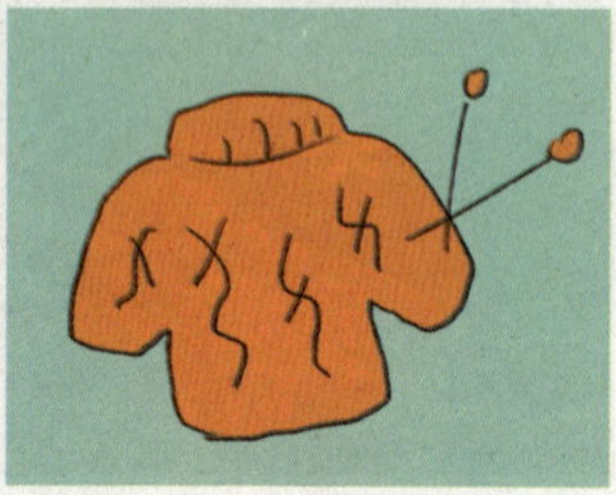

史东幼年丧父，家里依靠母亲替人缝衣服来维持生计，为补贴家用，他很小就外出贩卖报纸了。有一次，他走进一家饭馆叫卖报纸，但是很快就被赶出来了。于是，他乘餐馆老板不备，又溜进去卖报。气恼的餐馆老板一脚把他踢了出去。可是史东仅仅揉了揉屁股，手里拿着更多的报纸，再一次溜进餐馆。那些客人看到了他的勇气，于是劝餐馆老板不要再撵他，并纷纷买他的报纸看。史东的屁股虽然被踢了，但他的口袋里却装满了钱。

勇敢地面对困难，笑对人生——史东就是这样的孩子。

史东在上中学的时候，就已经尝试去推销保险了。他来到一栋大楼前，当年贩卖报纸的时候出现的状况再次出现在他眼前，他一边发抖，一边安慰自己："如果你做了，没有损失，而可能有大的收获，那就下手去做。"另外就是："马上就做！"

他想如果自己被踢出来，他准备像当年卖报纸一样，再试着进去。结果是他没有被踢出来。他去每一间办公室做推销。他的脑海里一直想着："马上就做！"每一次走出一间办公室，如果没有收获的话，他就会担心到下一个办公室依然会碰钉子。不过，他毫不迟疑地强迫自己马上进入下一个办公室。他找到一项秘诀，就是立刻冲入下一个办公室，不要给自己时间感到害怕而放弃。

那天，有两个人在他这里购买了保险。就推销数量来说，他是失败的，但在成长方面，他有了极大的收获。

第二天，他卖出了四份保险。第三天，六份。他的事业正式起步了。

二十岁的时候，史东自己设立了保险经纪社，不过里面只有他一个人。开业的第一天，他就在繁华的大街上推销了五十四份保险。甚至于有一天，他居然卖出了一百二十二份保险。以一天八小时的工作时间来计算，他每四分钟就会成交一份。

1938年底，克里蒙·史东成了一名资产过百万的富翁。

克里蒙·史东说成功的秘诀是由于一项叫作"肯定人生观"的东西。另外，他还说："如果你以坚定的、乐观的态度面对艰苦，你反而能从其中找到好处。"

故事解析

人生的道路上没有谁总是轻松悠闲的。人生就像长途旅行，一路上既有鲜花相伴，更有荆棘拦路。我们要学会因为路上的鲜花而快乐，不对道路上的荆棘而耿耿于怀。学会用积极的态度来面对生活中的所有事情。

积极地面对生活，可以使自己在每天都生活在快乐之中。生活需要我们用积极的心态对待自己，对待他人。要相信自己，相信明天，相信未来。快乐就在我们的身边，随处可见，只要我们积极地生活，就会抓住信手拈来的快乐，不要将自己陷入到痛苦之中。

故事穿越

有一家日本料理店反其道而行地开在了一个小巷里，这家料理店不但没有店招牌，甚至连菜单也没有。然而，每天从傍晚开始，总有很多人陆续地朝着店门口那盏昏黄的灯走来。

店里的装潢也不奢华，却透着几分家常味，每一位客人入座后简单和老板攀谈几句，在交代了自己不吃的食材之后，其余的就全交给老板决定了。果然，端上来的菜色、味道分外新鲜，常让人惊异的是这么普通的菜蔬鱼肉，口感竟如此美味。

就这么一家小店，里面仅有几张小桌，每天竟也座无虚席。

据说，店老板曾经亲自到日本拜师学艺了很长一段时间，对于食材的处理和烹调有着扎实的好手艺，尤其讲究食材的真味与日本小吃暖口更暖心的氛围。开店以后，店老板更不时重回日本探访各式小吃的制作方法，力求让自己的料理技术更上一层楼。

曾有人问店老板为何不扩大经营，借此大赚一笔？以他的手艺和质量，想成为人气名店并不困难。但是，店老板却认为，他只是在做他自己喜爱的事，他煮菜给客人吃并不仅仅是为了赚钱，而是为了让客人和他一起分享美味。如果把店面扩大，就必须增加一些人力与物力，最后煮菜将不再是享受和乐趣，而是变成了一种枷锁和折磨，这并不是他想要的生活。

故事微语

快乐是一种感觉，并不神秘，也不遥远，快乐就在我们的身边，只要你热爱生活，懂得用心去感受。

快乐的情绪是一种美好的感受。世界五彩缤纷，快乐无处不在。岑参用“誓将挂冠去，觉道资无穷”来表明自己找到了弃官信佛之乐。李白在壮志难酬、宏图难展、孤单寂寞、无人共语时，则把天上明月当成朋友，并在“暂伴月将影，行乐须及春”中找到了欢乐，他的“天生我材必有用，千金散尽还复来”则拥有的是对人生的一份希望之乐。

快乐是无处不在的。只要我们有一个善于寻找快乐的心境，那快乐就会时时刻刻陪伴在我们身旁。同学们，从现在起积极生活，抓住信手拈来的快乐吧！

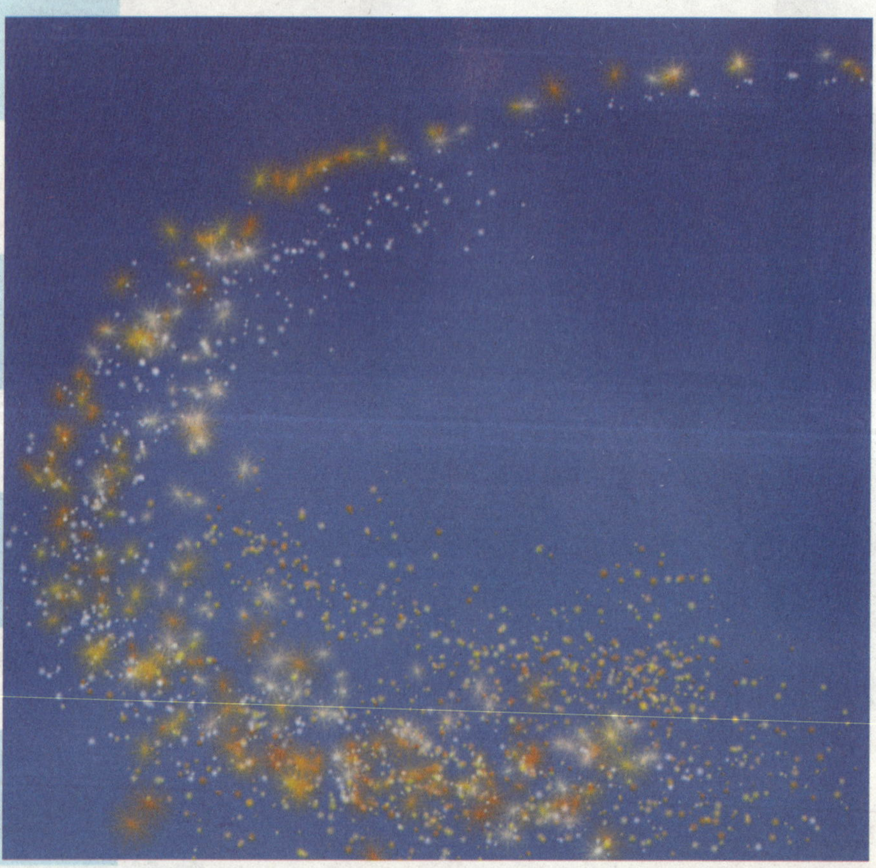

心灵箴言

如果我今天能够醒来，就高高兴兴地做人。

——许哲

当生活像一首歌那样轻快流畅时，笑颜常开乃易事；而在一切事都不妙时仍能微笑的人，才活得有价值。

——[美] 威尔·科克斯

我们这些具有无限精神的人，就是为了痛苦与欢乐而生的。几乎可以这样说：最优秀的人物通过痛苦才能得到欢乐。

——[德] 贝多芬

用热情去拥抱人生

故事话题

茜茜是美国阿拉斯加州一家公司优秀的推销员，她凭着自己的满腔热情和高超的推销技艺，叩开了无数经销商紧闭的大门。

有一次，茜茜到一家商场推销自己的产品，进门后，她先向店员做了热情的问候，然后就与他们聊起天来。

通过闲聊，茜茜了解到这家商场有许多不错的条件，于是她想将自己的产品推销给他们。她通过店员见到了这家商场的经理，并向他讲述了自己产品的优势，最后，她自信地说："如果商场有了我们公司的产品，一定会为贵商场带来不菲的利润。"

但是，这位经理听后，却立刻拒绝了她，并直言不讳地说："如果我们商场进了你们公司的产品，我们一定会亏损的，赔本的生意谁都不会做的，所以，我是不会要你的产品的，你再到别处看看吧！"

茜茜岂肯罢休，她动用了各种推销技艺试图说服这位经理，但她磨破嘴皮换来的还是他的拒绝，最后她只好十分沮丧地离开了这家商场。

茜茜在街上溜达了几圈后决定再回商场，当她重新走到商场门口时，商场经理竟满面堆笑地迎上前来，不等她开口，经理就说："我已经决定了，马上订购一批你说的那种产品。"

"这是真的吗？"茜茜简直有点不相信自己的耳朵，她被这突如其来的喜讯搞懵了，不知商场经理为什么在这么短的时间内有这么大的改变，最后商场经理道出了原由。

他告诉茜茜：一般的推销员到商场来很少与店员聊天，他们一般会直接找到他做推销，而茜茜不但与店员热情地打招呼，还与他们主动聊天，并且聊得那么融洽；同时，被他拒绝后又重新回到商场来的推销员，茜茜是第一位。

这位经理说："是你的热情感染了我，也征服了我，面对你的热情，我还有什么理由去拒绝你呢？"

故事解析

热情是事业源源不断的动力，它可以感染身边的人。热情可以为你踢开事业路上的绊脚石。有了热情，你就可以事半功倍，并且享受你的工作。

热情是世界上最大的财富，它的价值远远超过金钱与权势。一个人可以拒绝很多东西，但他却不可以拒绝别人对他的热情和友善。热情是世界上最有价值的一种感情，也是最具感染力的。自己充满了热情，周围的人也会变得充满热情。

热情地去面对社会，面对学习和生活吧，成功往往属于那些充满热情的人。

故事穿越

一个建筑公司新来了一个领导，他在上任之前决定先去工地考察一段时间，希望能够从建筑工人那里了解到一些公司的情况，以及工人们普遍的工作状态。

当他以“新来的工人”的名义来到工地后，他发现所有的人都忙得不可开交，大家为了生计，为了养家糊口，都很在乎这份工作，所以干得也很卖力。可是他意外地发现，有一个年轻工人异常地开朗，每天都笑容满面的，手里干着重活，嘴里还哼着小曲，不论是在吃饭还是休息时，他都非常活跃，有时还讲笑话逗着大家乐。

于是，新任领导就主动和那个年轻人接触，谈话中，他得知这个年轻人的出身很苦，早年父母双亡，家里还有一个妹妹在上大学，兄妹二人一直是靠政府的救济生活着，由于兄妹俩的成绩突出，学校也免收了他们的学费。但是，高中毕业后，他决定不能再靠别人了。于是，为了妹妹的生活与学业，他毅然决定放弃了上大学的机会，外出打工，靠自己的力量来供养妹妹。他还不断地强调自己真的是非常地感激政府与乡亲对他的帮助，他总有一天会报达这份恩情的。

这时，另外一个工人也凑了过来，说：“原来，我们的身世这么像啊，只不过我没有妹妹，父母走后，就剩下了我一个人。当时也是靠政府救济，可我才不像你，感激这个感激那个的。所谓帮人帮到底，送佛送到西，那时候我才刚十七岁，他们就停止了救济，还责备我在学校不好好学习。假猩猩地劝我找份工作，结果就把我介绍到这个破地方来了。”说完还一个劲儿地叹气。

然后，这位新来的领导就问他们：“你们每天在工地上干活，有什么感想？”第一个工人看看眼前的高楼兴奋地说：“啊，又一座高楼即将在我的手中诞生，我感到非常自豪！”另一个工人神情沮丧地说：“唉……每天都重复这种劳动，我已厌烦透顶。楼盖得再好，也是给别人盖的啊……”

后来，在一次公司裁员中，第一个工人被公司留了下来，并获得了提升，第二个工人则被辞退了。

故事微语

同样是两个建筑工人，有着相同的命运，面对着同样的工作，对身边的人和事却持有完全不同的态度。一个建筑工人不满意自己的工作，常常抱怨别人对自己的帮助不够；而另一个建筑工人则以积极热情的心态工作，对别人的滴水之恩都心怀感激，总想有一天可以涌泉相报。所以这导致了他们接下来截然不同的命运，热情乐观的年轻人在公司的裁员中不但没有被裁掉并且得到了提升，而悲观消极的年轻人却丢了工作，失去了本来也可能属于他的发展机会。

热情是火，可以点燃干柴，可以融化冰雪。如果你想获得成功的话，就应该满怀热情。　热情，会激励人产生希望和信心，会诱发人实施行动和开拓，是人生收获与成就的根本，是创造财富的源泉，是心灵深处迸发出的力量，激励人去唤醒沉睡的潜能，促使人发挥无穷的才干和活力。

热情地拥抱人生，乐观、积极、坚强地面对现实，才会真正地享受快乐，拨开心灵的迷雾，才会发现，人生真的很美好。就让我们用热情的双手，去拥抱我们的人生吧！

心灵箴言

智慧的最大成就，也许要归功于激情。

——[法] 沃韦纳戈

人应当具有激情，但是也应当具有驾驭激情的本领。

——[丹麦] 玻尔

激情，这是鼓满船帆的风。风有时会把船帆吹断；但没有风，帆船就不能航行。

——[印度] 泰戈尔

我们的激情实际上像火中的凤凰一样，当老的被焚化时，新的又立刻在它的灰烬中出生。

——[美] 歌德

成功者与失败者的聪明才智，相差并不大。如果两者实力半斤八两的话，对工作较富热情的人，一定比较容易成功。一个不具实力而富热情，和一个虽具实力但不热情的人相比，前者的成功也多半会胜过后者。

——[美] 弗里德利·威尔森

适时放弃，卸下你的“累”

故事话题

有一位老师正在给学生们上课，大家都认真地听着。“各位认为这杯水有多重?”说着，老师拿起一杯水。有人说二百克，也有人说顶多不过三百克。“是的，它只有二百克。那么，你们可以将这杯水端在手中多久?”老师又问。很多学生都笑了：“二百克而已，拿多久又会怎么样!”

老师没有笑，他接着说：“拿一分钟，各位一定觉得没问题；拿一个小时，可能觉得手酸；拿一天呢？一个星期呢？那可能得叫救护车了。”同学们又笑了，不过这回是赞同的笑。

老师继续说道：“其实这杯水的重量很轻，但是你拿得越久，就觉得越沉重。这如同把压力放在身上，不管压力是否很重，时间长了就会觉得越来越沉重而无法承担。我们必须做的是放下这杯水，休息一下后再拿起，只有这样我们才能拿得更久。所以，我们所承担的压力，应该在适当的时候放下，好好地休息一下，然后再重新拿起来，如此才可承担更久。”

说完，教室里响起了一片掌声。

故事解析

人的一生中会有很多的无奈和烦恼，有很多的伤感和惆怅，一天一天的积累之后，心里装的越来越多，心的负荷也就越来越重。此时，最好的做法就是放弃它们，卸下心中的“累”。

人之所以会心累，就是常常徘徊在坚持和放弃之间。放弃难以承担的负担，方能解开心灵的枷锁。

老子曾经说过：“五色令人目盲；五音令人耳聋；五味令人口爽；驰骋畋猎令人心发狂；难得之货令人行妨。”该放弃的时候放弃，是一种人生大智慧。面对纷繁复杂的人生，我们应当学会知其可为而为之，知其不可而弃之。

故事穿越

一对父子走在路上。儿子发现前方有一块大石头，他就皱着眉头停在石头前面。

父亲问他："为什么不走呢？"

儿子苦着脸说："这块石头挡着我路，我走不过去，怎么办？"

父亲说："路这么宽，你怎么不绕过去呢？"

儿子回答道："不，我不想绕，我就想要踏过这个石头，走过去！"

父亲："可你能做到吗？"

儿子说："我知道很难，但是我就要走过去，我就要必须打倒这块大石头，我必须战胜它！"

经过艰难的尝试，儿子一次又一次地失败了。

最后儿子很痛苦："连这个石头我都不能战胜，我如何能完成我伟大的理想？"

父亲说："你太执着了！你要知道，有些执着不如放弃。"

故事微语

我们之所以会感觉到累，是因为我们背负了太多的负担，果断地放弃这些负担是直面人生的一种清醒的选择。只有这样，我们的生命才会变得更加轻松，我们的人生之路才会变得更加顺畅。

我们的生活本该是多姿多彩的，如果我们不懂得适时放弃，卸下自己的“累”，那么，我们将会变得疲惫不堪。这也意味着我们竟没有更多的精力用来体味生活中更多的酸甜苦辣。

心灵箴言

执拗的人是一个极聋的演说家。

——[美] 纪伯伦

放弃那些狭隘的“固执”，从“抬杠”的胡同里走出来。

——谚语

执拗者福轻，而圆通之人其福必厚；急躁者寿夭，而宽宏之士其寿必长。

——谚语

第三篇

宁静心灵，多想你拥有的

淡泊是至高的境界，学会了淡泊将会得到意外的惊喜和收获，淡泊是一种精神的自由、人格的解放，淡泊的情怀是秋高气爽的一片湛蓝。我们应该学会以一种平常心来对待世事，这样才能感受生命的真谛，享受淡泊的宁静，才能活得更轻松。

淡泊是一种享受，拥有一颗平常心

故事话题

一个小沙弥问一位高僧：“师父，你悟道修行、修身养性有秘诀吗？”

高僧答道：“有。”

“那么你的秘诀是什么呢？”小沙弥继续问道。

高僧答：“我感觉饿的时候就吃饭，感觉疲倦的时候就睡觉。”

“可是，这算什么与众不同的秘诀呢？每个人都是这样啊。”

高僧答：“当然是不一样的！他们吃饭时总是想着别的事情，不专心吃饭；他们睡觉时总是做梦，睡不安稳。而我吃饭的时候就是吃饭，什么也不想；我睡觉的时候就是睡觉，所以睡得安稳。这就是我与众不同的地方。”

高僧继续说道：“世人很难做到一心一用，他们在利害得失中穿梭，无法用一颗平常心对待浮华的宠辱，产生了‘种种思量’和‘千般妄想’。他们在生命的表层停留不前，这是他们生命中最大的障碍，他们因此迷失了自己，丧失了‘平常心’。要知道，只有将心灵融入世界，用心去感受生命，才能找到生命的真谛。”

故事解析

拥有平常心的人才能体会到满足的快乐，才能体会到淡泊是一种享受。淡泊是一种心境，是思想经过历练后高素质的修养。

不会淡泊的人必将被生活所累。学会淡泊将会使心灵净化成晶莹剔透的宝玉；学会淡泊才能如鱼得水，自由自在地欣赏不可多得的美妙世界；学会淡泊才能得意时而不张扬，失意时而不消沉。

故事穿越

库萨马是一个追求完美的人，有一天他无意之中见到了上帝，他要求上帝帮他完成很多心愿。最终上帝答应给库萨马一次机会，让他沿着一片西瓜地走下去，不许回头，从中只能挑选一个最大的西瓜。如果能挑到最大的西瓜，那么，上帝就帮助库萨马实现他最大的愿望。

于是，库萨马兴冲冲地出发了。他每次看到一个大西瓜，总是想，也许后面还有更大的。最后临到地头，只好随便挑了一个，而这个西瓜比前边的许多西瓜都要小。

库萨马挑西瓜失败的原因，就是太过于追求完美。所有的西瓜，在库萨马的眼里好像都不太完美。而事实上，相对最完美的西瓜已被库萨马忽略了。

上帝安排这个节目是用心良苦的，他就是要告诉库萨马，人生不可能非常如意，也不可能事事都完美。追求完美固然是积极的人生态度，但如果过分追求完美，就必然会产生浮躁心理。结果不仅不可能完美，甚至还会过犹不及、得不偿失。

故事微语

没有平常心的人是不会生活的人，他将受累于生活。拥有平常心的人才能体会到淡泊是一种幸福。

淡泊之人不为名利所困。淡泊使你宽心，使你活得自然，活得真真切切。淡泊是给人生松绑，因此淡泊的人生是一种享受。淡泊是一种高层次的文化修养，是一种纯真、自爱、自洁、自尊、自强、自信的境界。

心灵箴言

甘瓜苦蒂，天下物无全美。

——墨子

为杰出而努力会激发你的斗志；为完美而奋斗会挫伤你的士气。

——佚名

既然太阳上也有黑点，“人世间的事情”就更不可能没有缺陷。

——[俄罗斯] 车尔尼雪夫斯基

让自己去适应环境

故事话题

有一只乌鸦打算飞往南方生活，途中遇到了一只鸽子。

它们都停在了一棵树上休息，鸽子看见乌鸦累得满头大汗，飞得很辛苦，便关切地问："乌鸦大哥，你要飞到哪里去？"

乌鸦愤愤不平说："其实我并不想离开，但是这个地方的居民都嫌我的叫声不好听，他们甚至会因此向我丢石子，所以我想离开这个令我伤心的地方，飞到别的地方去。"

鸽子好心地告诉乌鸦："乌鸦大哥，别白费力气了！如果你不改变你的声音，飞到哪里都不会受到大家的欢迎。"

故事解析

如果故事里的乌鸦不改变自己的叫声的话，恐怕就会像鸽子预料的那样：走到哪里都不受欢迎。人也一样，要学会去适应环境，在无力改变生存环境的时候，那么就去改变自己，那么，你所生存的环境也会随着你的改变而改变。

适应环境，个人的心态是很重要的。如今，我们所处的是竞争时代，是一个优胜劣汰、适者生存的年代。在没有能力改善我们所处的环境的时候，那就去完善我们自己，机会在于自己的发现和把握。

故事穿越

据今天七千万年到两亿年的中生代是爬行动物的盛世，恐龙是那个时代的霸主，它们统治着海陆空三界。

恐龙刚刚出现时，生活在一块古陆地上，那里是恐龙的最初的家园。可是到了侏罗纪时代，古陆地开始分裂，并且开始漂向不同的方向，由于大陆的漂移，在白垩纪晚期，恐龙生活的环境便发生了巨大的变化，气温逐渐降低。

这样一来，没有御寒装备和生理机能的恐龙就变得无法适应了，气候变冷体温就跟着下降，无法忍耐寒冷就会死亡。它们的呼吸器官只能应对湿热的空气，却无法应对又干又冷的空气。由于气候的改变，原来生长的很茂盛的裸子植物绝迹了，代之以能开花结果的被子植物。

一到冬天，万物凋零，恐龙的食物问题也无法得到解决。在漫长的进化过程中身体构造已经定型的恐龙，面对这无法令自己适应的环境，只能走上灭绝的道路。而能够进行冬眠的蛇、蜥蜴类，身上长毛能御寒并能躲进山洞避寒的小型哺乳类动物和鸟类，却得以生存下来。

故事微语

古往今来，适者生存，不适者被淘汰。世间万物只有与它所处的环境相适应，才能继续生存下去。适应环境对世间万物来说都十分重要，我们必须学会适应环境，不论是自然环境还是人文环境。

让自己去适应环境，在竞争中学会成长，丰富自我，提升实力。世界不在我们的掌握之中，但命运却掌握在我们自己手中。我们常常必须去改变自己，以使自己融到所处的环境之中，与自己所生存的环境和谐共存。

心灵箴言

随机应变是才智的试金石。

——[法] 莫里哀

生活是不公平的，你要去适应它。

——[美] 比尔·盖茨

只有服从大自然，才能战胜大自然。

——[英] 达尔文

明白事理的人使自己适应世界；不明事理的人想使世界适应自己。

——[爱尔兰] 萧伯纳

既然不能驾驭外界，我就驾驭自己；如果外界不适应我，那么我就去适应他们。

——[法] 蒙田

心灵自由了，人生就幸福了

故事话题

庄子原是楚国公族楚庄王的后裔，后来因为战乱而迁至宋国，他曾做过宋国的地方漆园吏，生活非常贫困，却鄙弃荣华富贵、权势名利，力图在乱世之中保持独立的人格，追求逍遥无恃的心灵自由，因此也感觉幸福。

相传庄子和惠施是多年的好朋友。有一年，惠施在梁国做了宰相，庄子想去看看这位好朋友。

有人急忙报告惠施说：“庄子这次来，是想取代您的相位啊！”

“有这回事吗？”惠施有点怀疑，心里也变得特别恐慌，于是派人在国内搜寻了三天三夜，想阻止庄子前来，然而，却没能发现庄子的行踪。

有一天，庄子突然从容地来到惠施的官邸拜见惠施。惠施很有礼貌地接见了这位老朋友。相互寒暄之后，惠施开门见山地询问庄子这次来访的目的。

庄子也许知道那些谣传，于是委婉地说：“老朋友啊，您听说过有这么一个故事吗？”惠施迷惑不解：“什么故事？”

庄子从容道：“南方有只鸟，名叫凤凰。这凤凰展翅而起，从南海飞向北海，非梧桐不栖，非竹子的果子不食，非甜美如醴的泉水不饮。有一次，一只猫头鹰正在津津有味地吃着一只腐烂的老鼠，恰巧凤凰从头顶飞过。猫头鹰急忙护住腐鼠，仰头看着凤凰，愤怒地大喝一声：‘吓！你也想来吃鼠肉吗？’凤凰鄙视着猫头鹰，哈哈大笑，扬长而去。老朋友，现在您也想用您的梁国来吓我吗？”

惠施听后羞愧无语。

故事解析

在这世界上，我们会经历很多快乐与苦难，只要我们的心灵自由了，我们的人生就会变得幸福。物质生活的富裕，不一定能使我们的心灵得到安宁。是什么束缚了心灵的自由？是我们自己。

我们要学会在烦琐中享受自由，在复杂中感受轻松。只要我们愿意，就让我们寻找心灵的自由吧！正如有人说过的：“世界有多大，人的心便有多大。”我们为什么不把自己的心灵置于物外，放飞自己的心灵，让自己变得幸福起来呢？

故事穿越

著名画家张大千先生是个留胡子的人，他的浓密的胡须铺垂近腹。

据说一个人看见张大千的胡子之后，顿生好奇，问：“张先生，睡觉时，您的胡子是放在被子外面还是搁在里头的？”

大千先生愣了一下：“这……我也不清楚。是啊，我怎么没在意这个呢？这样吧，明天再告诉你。”

晚上就寝的时候，大千先生将胡子搁在被子外头，感觉不太对头；收进被子里面，也感觉不太对头。折腾了半宿，感觉无论胡子放在被子里面还是被子外面都不稳妥。这一下他自己也犯愁了，以前怎么没感觉到不对头呢？

第二天，大千先生对那人说：“很抱歉，我真的不知道平时是搁哪的。”那人看到大千先生布满血丝的双眼，似有所悟，愧疚道：“对不起，张先生，让您受累了。”

故事微语

大千先生的烦恼来自于平常熟视无睹的小事引起了他的关注。生活中，如果我们凡事太在意了，那么我们的心灵就不自由了。人生总会有烦心事，倘若凡事都记取，怎能不让人负重前行！

我们应该给心灵一点时间，主动地走向灵魂的深处，听从自己内心的呼声。只有放飞我们的心灵，让心灵自由飞翔，我们的人生才会变得更加幸福。

心灵箴言

一切最文明的东西所具有的价值，自由都具备。

——[美] 贾尔斯

如果能追随理想而生活，本着自由的精神、勇往直前的毅力、诚实不自欺的思想而行，则定能臻于至美至善的境地。

——[法] 居里夫人

教育是最复杂的任务之一，就是把服从法律的强制性向教育孩子善于动用自己的自由权利结合起来。孩子只要不做有害于自己和他人的事，就应当让他们有行动的自由，不要硬去改变孩子的意愿。要让孩子懂得，他们只有为别人提供达到目的的可能性，才能达到自己的目的。

——[德] 康德

保持微笑，感谢现在你拥有的

故事话题

大陆和台湾两岸的十大杰出青年的一次座谈会，发言的是大陆的陈章良、孙雯和台湾的一个青年科学家。三位明星人物的发言都很精彩，但是过于报告化了，拖得时间太长。轮到他发言时，已经过了预定的会议结束时间，主持人只好宣布他只能讲三分钟。

他的第一句话是“日本有个阿信，台湾有个阿进，阿进就是我”。接着他给大家讲述了他的故事：

他的父母亲都是瞎子，而且他的母亲还是弱智，除了姐姐和他，几个弟弟妹妹也都是瞎子。没有能力养活自己的父亲和母亲只能当乞丐，他们住的是乱坟岗里的墓穴，他从出生开始就和死人的白骨相伴，能走路了就陪同父母一起去乞讨。他 9 岁那年，有人对他的父亲说，你该让儿子去读书，要不然，他长大了只能继续当乞丐。父亲于是送他去读书。上学第一天，老师看他脏得很难堪，就给他洗了澡。这是他生命中第一次洗澡。为了供他读书，刚刚 13 岁的姐姐就到了青楼去卖身。于是照顾瞎眼父亲和弟妹的重担全部落到了他小小的肩上——他从不缺一天课，每天放学后便去讨饭，讨饭回家便跪着喂父母。又瞎又弱智的母亲每次来月经，甚至都是他给换草纸。后来，他为了可以尽早工作而上了一所中专学校，在这里他竟然获得了一个女同学的爱情。但女孩的母亲说“天底下找不出他家那样的一窝窝人”，甚至把女儿锁在家里，用扁担将他打出了门……

此时，他提高了嗓门：“但是，我要说，我对生活充满感恩的心情。我感谢我的父母，他们虽然瞎，但他们给了我生命，至今我都还是跪着给他们喂饭；我还感谢苦难的命运，是苦难给了我磨炼，给了我这样一份与众不同的人生；我也感谢我的丈母娘，是她用扁担打我，让我知道要想得到爱情，我必须奋斗必须有出息……”

他就是当选台湾第 37 届十大杰出青年的赖东进，他现在已经是一家专门生产消防器材的公司的厂长。

故事解析

请保持微笑，感谢现在你拥有的。你应该庆幸现在仍然可以享受生活中的美好。世界上最美好的东西不是得不到的，也不是已失去的，而是现在拥有的。你现在拥有的都是世界上独一无二的。如果你错过了，那么你就可能永远错过了。

手里握着的才是真正属于自己的。现在拥有就是一种幸福，感谢你所拥有的，让它成为你的生命中的一道美丽的风景线吧！感谢你所拥有的，沿着歌声，走过群山，走过江海，从东走向西，从秋走到夏，无论走到哪里，请一定要保持微笑，乐观地面对所有的一切。

故事穿越

一个学院在招聘教师，人才济济，一个女生过五关斩六将终于闯到了最后一轮面试。

面试上，一位面试官问她："你为什么选择教师这个职业？"

这个女生回答道："我小时候曾立志在长大后要成为像毛主席一样的伟人，念中学时，我觉得我不可能成为伟人，便将志向改成做伟人的妻子。但现在，我知道我可以做伟人妻子的机会实在渺茫得很，于是又改变了主意，争取做一名优秀的人民教师。"她这番真诚的话得到了评委的一致认可，于是，她立刻被录取了。

我们中的大多数人和这位女生一样，都是普普通通、特别平凡的人，所以也应该向这位女生学习，为今天而活，脚踏实地地生活，放弃不切实际的幻想，过属于自己的生活，不张扬，不浮躁。

故事微语

有人曾经说过：“人生是由三天组成的，即昨天、今天和明天。”昨天已经过去，明天还不可知，只有今天是可以把握的。所以，要珍惜现在，过属于自己的生活，感谢现在所拥有的一切。

感谢现在拥有的一切，它不仅是一种感悟、一种智慧，更是一种积极向上的人生态度。它的本质是自在、洒脱。感谢现在拥有的一切，就是以阳光的心态，过阳光一般的生活。我们要活得有理想，有智慧，有尊严。感谢现在拥有的一切，它是一种心灵的净化和升华，督促我们珍惜现在，做自己的主人。

心灵箴言

我以为世间最可贵的就是“今”，最易丧失的也是“今”。因为它最容易丧失，所以更觉得它宝贵。

——李大钊

必须记住我们学习的时间是有限的。时间有限，不只是由于人生短促，更由于人事纷繁。我们应该力求把我们所有的时间用去做最有益的事情。

——[英] 斯宾塞

今日复今日，今日何其少！今日又不为，此事何时了！人生百年几今日，今日不为真可惜！若言姑待明朝至，明朝又有明朝事。为君聊赋今日诗，努力请从今日始。

——文嘉

朋友，人生中一种淡淡的温暖

故事话题

这是发生在越南的一个故事。

几发迫击炮弹突然落在一个小村庄的一所由传教士创办的孤儿院里。传教士和两名儿童当场被炸死，还有几名儿童受伤，其中有一个小姑娘，大约 8 岁。村里人立刻向附近的小镇要求紧急医护救援，这个小镇和美军有通讯联系。终于，美国海军的一名医生和护士带着救护用品赶到。经过查看，这个小姑娘的伤很严重，如果不立刻抢救，她就会因为休克和流血过多而死去。输血迫在眉睫，但得有一个与她血型相同的献血者。经过迅速验血表明，两名美国人都不具有她的血型，但几名未受伤的孤儿却可以给她输血。

医生用掺和着英语的越南语，护士讲着仅相当于高中水平的法语，加上临时编出来的大量手势，竭力想让他们幼小而惊恐的听众知道，如果他们不能补足这个小姑娘失去的血，她一定会死去。

他们询问是否有人愿意献血。一阵沉默做了回答。每个人都睁大了眼睛迷惑地望着他们。过了一会儿一只小手缓慢而颤抖地举了起来，但忽然又放下了，然后又一次举起来。“噢，谢谢你！”护士用法语说，“你叫什么名字？”“麦克。”小男孩儿很快躺在草垫上。他的胳膊被酒精擦拭以后，一根针扎进他的血管。输血过程中，麦克一动不动，一句话也不说。过了一会儿，他忽然抽泣了一下，全身颤抖，并迅速用一只手捂住了脸。

“疼吗？麦克？”医生问道。他摇摇头，但一会儿，他又开始呜咽，并再一次试图用手掩盖他的痛苦。医生问他是否针刺痛了他，他又摇了摇头。

医疗队觉得有点不对头。就在此刻，一名越南护士赶来援助。

她看见小男孩儿痛苦的样子，用极快的越南语向他询问，听完他的回答，护士用轻柔的声音安慰他。顷刻之后，他停止了哭泣，用疑惑的目光看着那位越南护士。护士向他点点头，一种消除了顾虑与痛苦的释然表情立刻浮现在他的脸上。

越南护士轻声对两位美国人说：“他以为自己就要死了，他误会了你们的意思。他以为你们让他把所有的鲜血都给那个小姑娘，以便让她活下来。”“但是他为什么愿意这样做呢？”美国海军护士问。这个越南护士转身问这个小男孩儿：“你为什么愿意这样做呢？”小男孩儿只回答：“因为她是我的朋友。”

故事解析

朋友如醇酒，历久弥香；朋友如花香，沁人心脾；朋友是秋天的雨，干净而细腻；朋友是十二月的梅，纯洁而挺立。朋友不是画，它比画更绚丽；朋友不是歌，它比歌更动听；朋友不是诗，它比诗更飘逸；朋友不是梦，它比梦更美丽。朋友是我们人生中的淡淡的温暖。

有朋友的日子里总是阳光灿烂，晴空万里，有朋友的时候才发现自己有多么幸福。朋友是我们身处黑暗时的火把，是我们身处烈日下时的绿荫，既可以帮我们度过困难，也能抚慰我们的心灵。有朋友的日子里，我们的快乐和烦恼都会有人分享，他们已经成为我们幸福的源泉。

故事穿越

有个人奉命去考察天堂和地狱的区别。

当他忐忑不安地来到地狱后发现，所有地狱里的灵魂都拿着一把长长的勺子，他们的对面就是丰盛的午餐，只是无论他们做何努力，他们都无法将勺子里的食物送到自己的嘴里，因此他们一个个瘦骨嶙峋，显得痛苦不堪。

之后，这个人来到了天堂。他发现天堂里的灵魂也都拿着一把长长的勺子，和地狱里面的情景一样，他们的对面就是丰盛的午餐，他们个个笑容满面地将自己勺子里食物送到身边人的嘴里，他们互相帮助，都吃到了美味的食物。他们一个个看起来笑容满面，显得特别幸福。

之后，这个人将自己考察的情况如实地告诉给了大家，大家这才恍然大悟天堂和地狱的真正区别。

故事微语

没有任何人可以不依靠别人而独立生活，这本是一个需要互相扶持的社会，在生命的道路上我们需要和朋友们互相扶持，共同成长。

友情是世上最珍贵的情感。这是一种最纯洁、最高尚、最朴素、最平凡的感情，也是最浪漫、最动人、最坚实、最永恒的情感。友情无处不在，它伴随着我们，萦绕在我们身边，和我们共度一生。

朋友是我们一生当中淡淡的温暖，朋友是可以一起打着伞在雨中散步、一起读好书、一起听好歌的人……

心灵箴言

海内存知己，天涯若比邻。

——王勃

莫愁前路无知已，天下谁人不识君。

——高适

把痛苦告诉给你的知心朋友，痛苦就会减掉一半；把快乐与你的朋友分享，快乐就会一分为二。友谊的作用就是这么神奇！

——[英] 培根

第四篇

人生如戏，可又有别于戏

演戏有时候和做人一样，最重要就是演好自己的角色。可是却有别于戏，没有已经写好的台本，没有彩排，每一场都是现场直播。我们要好好珍惜生命中的每一时刻，演好每场戏，用心去感受生活中的幸福。

演好自己人生的角色

故事话题

一位父亲带着儿子去参观凡·高的故居，当儿子看过那张小木床及裂了口的皮鞋之后，他问父亲："凡·高不是百万富翁吗？"父亲答："凡·高是位连妻子都没娶上的穷人。"

第二年，这位父亲带着儿子去丹麦，在安徒生的故居前，儿子再次困惑地问父亲："爸爸，安徒生不是生活在皇宫里吗？"父亲回答说："安徒生是位鞋匠的儿子，他就生活在这栋阁楼里。"

这位父亲是一个水手，他每年都会往来于大西洋的各个港口，他的儿子叫伊东·布拉格，是美国历史上第一位获普利策奖的黑人记者。

20年后，当伊东·布拉格回忆童年时，他说："那时我们家很穷，父母都靠出苦力为生。有很长一段时间，我一直认为像我们这样地位卑微的黑人是不可能有什么出息的。好在父亲让我认识了凡·高和安徒生，通过这两个人，我知道，上帝没有轻看卑微，每个人活着都要扮演不同的角色，我们每个人要做的就是演好自己。"

故事解析

伊东·布拉格没有因为自己是黑人而小瞧自己，也没有因此而自卑，他尽力扮演好自己的角色，让自己的人生无怨无悔。而他的成功，也正是他懂得扮演好自己的角色，并通过努力去证明：即便是卑微到不起眼的角色，只要能演绎好，照样能取得辉煌的成功和自己所期望的幸福。

其实，很多时候，一个人没能取得成功是因为没有摆正自己的位置。因为自卑而怨恨命运，从而变得自暴自弃，不仅失去了对生活的美好追求，而且，面对自己的角色，永远无法入戏，无法扮演好自己的角色，所以也就无法享受生活所带给我们的幸福和甜美。

故事穿越

从读小学起，张兰就一直很努力地学习，可成绩总是平平。有一段时间，她曾对自己失去了信心，她觉得自己天生愚笨，打针吃药、努力付出都是无济于事的，她从此变得自卑不已。

后来，父亲带张兰去公园，父亲指着园内的两排树就问张兰："你知道那些是什么树吗？"张兰一看，一排是白杨，一排是银杏，与高大的白杨相比，银杏显得十分矮小。

父亲说："我特意问过公园管理员，这两排树是同时栽下的。栽下时，它们的身高相差无几。它们享受同样的阳光，同样的水土，同样的条件，到后来，白杨为什么长得高大，而银杏却生得矮小呢？"

父亲见张兰回答不上来，接着说："孩子，要知道，每个人生来都会有差别，每个人都有属于自己的价值，我们每个人要做的就是做好自己，不要去攀比。"

这诗意般的语言，像一道阳光，瞬间便照亮了张兰的心。张兰努力着，努力着，从不放弃，到了高中，她的学习成绩终于有了质的飞跃，在全年级中名列前茅。高考那年，张兰以优异的成绩考入了一所名牌大学。

故事微语

人生来就是有差距的，不论是家庭环境还是身体条件，但是无论如何，我们都应该对自己充满自信，不要因为自己的自身条件而丧失对生活的希望。要珍惜与众不同的自己，试着做好自己，努力让自己所拥有的每一天都无怨无悔，扮演好属于自己的角色，认真生活，踏实做人，相信生活也会回报给我们一个不一样的美好人生。

我们要记得在生活的戏里，不要看轻自己，扮演好自己的角色，只要能扮演好属于自己的人生角色，就能活得精彩！

心灵箴言

我是自己的主人。

——[丹麦] 吉勒鲁普

走自己的路，让别人说去吧。

——[意] 但丁

有勇气做真正的自己，单独屹立，不要想做别人。

——林语堂

不求完美，但求无愧

故事话题

一位 85 岁的得知自己不久将离开人世的老先生给子女写下了一段话，很值得一读。

如果我能重活一次，我会尝试犯更多的错误。我不会再刻意要求完美，我要多休息，随遇而安，我处事不会像这次那么精明。其实世间值得去斤斤计较的事少得可怜。我会更疯狂些，也不那么讲究卫生。你们要知道，我就是那种一天又一天，一个钟点又一个钟点，过得小心谨慎、清醒合理的人。

哦，我也曾放纵过，如果一切能重来，我要享有更多那样的时刻，每一刻，每一秒。如果一切能重来，我要在早春赤足到户外，在深秋整夜不眠。我要多坐几遍旋转木马，多看几次日出，跟更多的儿童玩耍，只要人生可以重来。

如果可以重来，我一定不再过分注重自己的形象；不总想着自己的身体缺陷。每个人都有自己的缺陷，完美无缺的人是不存在的。不要对自己的缺陷念念不忘，其实，人们是不会刻意注意那些缺陷的。只要少想，自我感觉就会更好。

此外还要注意修正理想中的自我。每个人都有自己的理想，都看到自身的不足并朝着理想努力，这是一个人进步的动力。但是，当期望值太高时，受到挫折就不可避免了，所以应该努力使理想自我的内容符合现实自我所能做出努力的程度。

故事解析

我们一生的时间是有限的，只有用心生活，才不会给自己留下遗憾。我们是生活在群体中的个体，我们的人生要活出自己的味道。不要过分地追求完美，给自己多一些空间，这样才不会后悔。

人生在世，不可能做到尽善尽美，总会有种种遗憾。朱元璋的军师刘伯温是这样自勉的：“岂能尽如人意，但求无愧我心。”要知道，这个偌大的世界不会因为任何人而改变它固定的模式。不求完美，但求无愧于心。做自己该做的事，不求完美，但求无悔。

故事穿越

刘德华入行多年，但直至今日他仍然是娱乐圈的常青树。很少有人能像他一样集歌星、影星、电视明星、词作家、编剧于一身。无论是在歌迷心中、媒体圈子里，还是在相处过的工作人员中，他都有极好的口碑。

1984 年当刘德华推出第一张粤语专辑《只知道此刻爱你》的时候，很多人对他的唱功持怀疑态度。但今天的刘德华有了《忘情水》、《男人哭吧哭吧不是罪》、《中国人》、《是不是我不够爱你》……他用实力说明了一切。

一次在为上海演唱会召开的记者招待会上，刘德华非常自信地介绍说：“这次的演唱会我没有请任何嘉宾，两个半小时的演唱会都由我自己来唱。”因为为做好此次包括上海演唱会在内的世界巡演，刘德华已精心准备了两年。

在他刚刚结束了在大连和武汉的演出，全力以赴上海的个唱时，现场有记者问刘德华对前两场演唱会的感受，刘德华对自己的表现表示满意。但是，他也十分坦诚地表示，自己的粤语歌走红的也不是特别多，所以，在曲目选择上会比较偏向国语。但因为粤语有不少舞曲，因此，新歌老歌、国语粤语的比例基本还会是各占50%。据说，敬业的刘德华此次还参与了舞台设计和节目设计。为了设计发型，他已试验了很多种不同的颜色，笑言发质都被损坏了。可见他对此次演唱会煞费苦心。

当一位记者问及刘德华的人生格言时，他说自己的格言是：不求完美，问心无愧。也许，从唱功来说刘德华依旧不能算是顶级的歌手，但他已然取得了不俗的成绩。也许正因为这句格言让刘德华能够做到坦然地面对自己，也因为但求无愧之心的想法让他一直努力到现在，用他的坦诚和努力造就了今日的成功。

故事微语

在每个人的生命历程中，总不可能尽善尽美。但是对于人生而言，绝对遗失的是时间，时间是一去不复返的；绝对迎来的是生命的终点，因步入衰老而走向死亡，那是人生必然的，谁想躲也是躲不开的，这才是不以人的主观意志为转移的自然规律。

俗话说：“不求万事如愿，但求问心无愧。”我们每一个人天生都有这样或那样的不足，能如残缺之圆继续在人生之途滚动并细尝沿途滋味，就能达到其他人只能渴望的完整。我们要追求无悔的人生，而不是完美的人生。

心灵箴言

岂能尽如人意，但求不愧我生。

——金缨

人生自古谁无死，留取丹心照汗青。

——文天祥

走正直诚实的生活道路，定会有一个问心无愧的归宿。

——[苏联] 高尔基

寻找让自己快乐的人生舞台

故事话题

她从哈佛大学经济及数学系以优异的成绩毕业后，进了某公司工作。两年后，她的工作已经做得顺风顺水，她自己也很受老板赏识和客户的欢迎，但她却并不能从这份高薪工作中获得快乐。

紧张的工作之余，她常常回忆起儿时去朋友家玩耍的情景。那是她十二三岁的时候，她去一位同学家串门，那位同学家的电视机里正播放着一档面点师做甜点的节目。面点师的表情夸张，语言风趣，一块面团在他的手里三揉两搓，便成了一个造型别致的糕点。她们看得兴致盎然，不时对着电视画面惊呼。

于是，她和同学从超市买来原料，依葫芦画瓢地操作起来。很显然她们没有面点师娴熟的技术，但是她们却因此而获得了前所未有的快乐。从此她对做面点乐此不疲，一放学，她便迅速溜回家，赶在父母下班之前，做上一块面点，有时也会别出心裁地搞些花样，她从父母赞赏的眼神里感受到了莫大的鼓舞和支持。做面点这件事情直到她去哈佛读书才结束。

在她工作的附近有一家著名的糕点烘焙店，每次去那个店，她都会点上一份糕点久久逗留。后来，她和这家糕点烘焙店的大厨成了好朋友，一有空闲，她便来这里体验和大厨一起创作糕饼的快乐。

之后，她萌生了开一家糕饼店的想法。于是她说服父母后，便辞去了那份高薪工作，准备给自己一年的时间，尝试专业烹饪这条路。她在波士顿南端的华盛顿街上找了一个合适的店面。

烘培的工作非常辛苦，她得从凌晨四点一直工作到午夜，一周六天的工作时间，但她却工作得非常起劲。她做出的糕饼、甜点大受欢迎，店里每天都人满为患，尤其是她制作的“黏面包”，几乎成了店里的招牌，很多客人赶早排队来品尝，如果迟到了就会感到很遗憾。有一位客人从佛罗里达州飞到波士顿，一下飞机便直奔她的面包店，吃了她做的黏面包后，便力邀她去佛罗里达州开一家分店。

她就是在美国有着“巧克力饼干女孩”之称的华人张柔安。

故事解析

每个人都会有自己的兴趣爱好，做自己喜欢的事情是快乐的，如果能把自己喜欢做的事情变成自己的职业，那么你将是幸福的。张柔安就是这样将自己的兴趣爱好变成了自己的职业，并通过努力，取得了很大的成就。

我们如果也有自己的兴趣爱好，那就坚持下去吧！或许这将会成为可以令自己快乐的人生舞台，我们的人生也会因此变得更加多姿多彩！

故事穿越

他生于台湾高雄旗山，14岁之前一直在农村生活。他家里一共有18个兄弟姐妹，他排行第12。小时候因为家里穷，生活极其困难，在他的记忆中，他们兄弟姐妹从来没有吃过饱饭。

穷乡僻壤教育条件自然也不好。但是，他却异常热爱文字，每读一本书，都感觉珍贵异常。小学三年级以后，他每天都要抱着一本书才睡得着；每天一定要读到一段好文章，才肯睡觉。渐渐地，他立下了一个志向：长大要当作家。

然而，当他将这个愿望说给父亲听时，却挨了父亲一巴掌。父亲问他长大要干什么，他说长大一定要当一个受人尊敬的作家。父亲问："作家是干吗的？"他说："作家就是将自己写的文章寄出去，然后坐在家里等着人家给邮钱的人。”父亲听了很生气，当场给了他一巴掌，骂道：“你这个傻孩子，想什么好事啊？这个世界上哪有这么好的事情，如果有，我就先去做了，不会轮到你了，我保证你的这个理想不会实现！”

由于涉猎的书籍多，他的眼界变得越来越宽了。这让他渐渐有了一个大胆的想法：长大后一定要去环游世界，饱览世界各地的大好风光。小学五年级时，他考试得了第一名，老师送给他一本世界地图作为奖励。捧着这份珍贵的奖品，他很开心。因为，他可以从地图上，更加直观地了解台湾岛以外的世界了。

有一天，母亲让他烧火，他边烧火边捧着那本地图册看，翻到埃及那页的时候，被埃及神秘的文化深深地吸引住了，边看边感慨世界的辽阔，想象埃及的金字塔、狮身人面像、埃及艳后，对埃及充满了向往。这个时候，父亲走出来问他在干什么，他说在看埃及的地图。父亲过来夺过他手中的地图册，上去就是一巴掌，说：“干活要有个干活的样子，看什么地图，赶快烧火。我可以保证，以咱家这样的条件，你这辈子绝对不可能去到埃及那么远的地方，所以我劝你，不要再做那些白日梦了！”

然而，20年后，执着的他通过不懈努力，将自己的理想一一变成了现实。他不仅成了一个天天坐在家里写作、靠着自己不菲的稿费收入过上了中产阶级生活的作家，还以学者的身份来到了埃及。站在气势宏伟的金字塔下，他的心中生发出许多感慨，他买了一张明信片，给父亲写信：“亲爱的爸爸，我现在就坐在埃及金字塔前面给你写信，记得小时候你打我一巴掌，保证我不可能到埃及这么远的地方，现在我就在这里写信，我要告诉你的是，你儿子很争气，童年的两个愿望，我都实现了，我不但成了作家，还到了埃及。”他一边写一边掉眼泪。

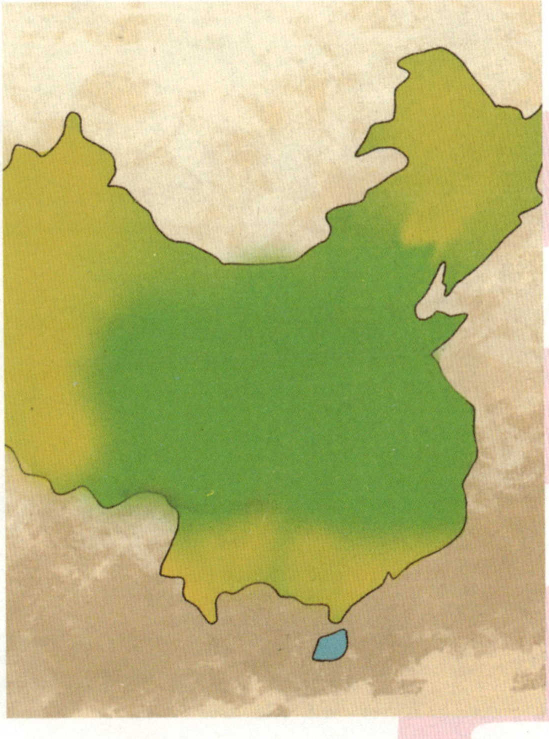

他就是台湾著名作家林清玄。

故事微语

林青玄的成功告诉我们：意念的力量是强大的，它往往能够跨越现实的障碍，结合一切对你有利的条件，在你的周围形成一种磁场，帮你实现你心中的梦想，寻找到让自己快乐的人生舞台。

如果你也有自己的梦想，那就不要轻易放弃，不要因为现实而将它放弃，坚持下去，相信梦想在自己的不懈努力下终会实现，自己的人生舞台需要自己去把控和操作，不要被他人的想法轻易左右。

心灵箴言

请一定要自信。你就是一道风景，没必要在别人风景里面仰视。

——佚名

困难是动摇者和懦夫掉队回头的便桥，但也是勇敢者前进的脚踏石。

——[美] 爱默生

人们可以支配自己的命运，若我们受制于人，那错不在命运，而在我们自己。

——[英] 莎士比亚

用心去感受，幸福无处不在

故事话题

传说，天主在赐给人间幸福之前，曾经和天使们进行了一场激烈的讨论，商量着要如何降临幸福，才能让那些找到它的人们更珍惜它。

有一位天使说：“我觉得应该把幸福藏在高山的顶峰，这样不仅难以发现，即使发现了，想找到也必须付出很大的努力。”天主摇摇头，对这个答案不是很满意。又有一位天使说：“那么把它藏在丛林中吧，只有那些勇敢的、富于冒险精神的勇士才能够找到它。”天主依然摇摇头，表示不满意。

天使们的答案五花八门，但依然没有什么答案可以令天主满意。这时，一个天使说：“还是藏在人们心中吧，只要用心去感受，幸福就会无处不在。”

天主听了，非常高兴，从此，幸福便藏在了我们的心中。

故事解析

幸福只是一种主观感觉、一种精神上的愉悦。晴空万里可以让我们感到幸福；鸟语花香会让我们感到幸福；亲朋好友的一句问候会让我们感到幸福；帮助他人也会让我们感到幸福。只要你用心去感受，幸福就会无处不在。

人生没有完美，幸福也没有一百分。人的一生就像一条未知的路，既会经历磕磕绊绊，也会经历一马平川；既会经历坎坎坷坷，也会经历秀丽山河。我们要学会用心去感受身边的风景，用心去感受每一次值得我们感动的事情，幸福就会变得无处不在。

故事穿越

有一个女孩儿想自杀，被一个老人撞见了，未遂。女孩儿向老人讲述了自己要自杀的原因，老人让女孩儿等他一天。

第二天，老人拿了张“一句话设题答卷”的纸张让女孩儿看。设题是：如果可能，你想要的最大幸福是什么？

一张纸上有五个人的回答，五个人的回答分别是：

“有个家！”

“有爱我的爸爸妈妈！”

“有一双明亮的眼睛！”

“能听一听鸟儿歌唱！”

“能站起来走一走！”

女孩儿不懂这表达了什么意思。老人拉她去见这五个答题的人。女孩儿见了五个答题的人之后，哭着对老人说：“我错了，谢谢你！”

这五个答题的人是五个孩子——孤儿，弃儿，盲人，聋哑人，瘫痪者。

与他们相比，女孩儿一下子便拥有了五个人的“最大的幸福”！

故事微语

幸福每天都像空气一样时时围绕在我们身边，只是我们有时忽略了它的存在。世界上缺少的不是幸福，而是发现幸福的眼睛和心灵。相信只要我们用心去感受，就能找到开启幸福之门的金钥匙。

你若口渴难耐，有水便是幸福；你若疲惫不堪，有床便是幸福；你若屡遭失败，看见成功的曙光便是幸福；你痛苦时，有亲人在身边便是幸福。幸福无处不在，从现在起用心去感受它们吧！

心灵箴言

幸福越与人共享，它的价值越增加。

——[日] 森村诚一

人类的一切努力的目的在于获得幸福。

——[美] 欧文

只要你有一件合理的事去做，你的生活就会显得特别美好。

——[瑞士] 爱因斯坦

真正的幸福只有当你真实地认识到人生的价值时，才能体会到。

——[科威特] 穆尼尔·纳素夫

平淡真实，生活是一杯纯纯的水

故事话题

英国某小镇上有一个青年人，整日以沿街为小镇的人说唱为生。这个青年人的邻居是一个服装设计师，她远离家人，在这里的一家设计公司上班。他们总是在同一个小餐馆用餐，于是他们便屡屡相遇。时间长了，彼此已十分熟悉。

有一天，这个服装设计师关切地对那个青年人说："你不要沿街卖唱了，去做一个正当的职业吧。我介绍你到国外去教书，在那儿，你完全可以拿到比你现在高得多的薪水，你可以用这些薪水来尽情地享受生活，尽情地买自己想要的东西。"

小伙子听后，先是一愣，然后反问道："难道我现在从事的不是正当的职业吗？我喜欢这个职业，它给我，也给其他人带来欢乐。有什么不好？我根本就没有必要远离家乡，抛弃亲人和现在的朋友，去从事我并不喜欢的工作。"

故事解析

《蓦然回首》上曾写过这么一段话："真正幸福的生活，并不是什么轰轰烈烈，而是一壶水，平平淡淡，而在加热时，却也会泛起一些波澜……"大千世界，每个人的人生都是不一样的，不论生活如何，我们何不从容地面对它，平淡真实地生活，享受如水般纯净的生活。

平淡真实，生活是一杯纯纯的水。平淡是人生之真味。回归平淡，方探人生之真境，细参眼、耳、鼻、舌、身、意。平淡是白开水，品尝之时无味，平淡之中却见真情真意，平淡之中是一种另类的幸福所归。

故事穿越

有一个英国商人坐在阿拉斯加湾海边一个小渔村的码头上，看着一个阿拉斯加湾渔夫划着一艘小船靠岸，小船上有好几尾大鱼。这个英国商人对阿拉斯加湾渔夫能抓住这么大的鱼恭维了一番，然后问阿拉斯加湾渔夫："你多长时间才能抓这么多？"渔夫说："一会儿工夫就抓到了。"英国人再问："你为什么不待久一点，好多抓一些鱼？"阿拉斯加湾渔夫觉得不以为然："这些鱼已经足够我一家人生活所需啦！"

英国人又问："那么你一天剩下那么多时间都在干什么？"

阿拉斯加湾渔夫解释："我呀？我每天睡到自然醒，出海抓几条鱼，回来后跟孩子们玩耍一会儿；再跟老婆睡个午觉，黄昏时晃到村子里喝点小酒，跟朋友们玩玩吉他。我的日子可过得充满又忙碌呢！"

英国人不以为然，帮他出主意，他说："我是一名企管硕士，我倒是可以帮你忙！你应该每天多花一些时间去抓鱼，到时候你就有钱去买条大一点的船。自然你就可以抓更多鱼，再买更多渔船，然后你就可以拥有一个渔船队。到时候你就不必把鱼卖给鱼贩子，而是直接卖给加工厂。然后你可以自己开一家罐头工厂。如此你就可以控制整个生产、加工处理和行销。然后你可以离开这个小渔村，搬到大城市里面，在那儿经营你不断扩充的企业。"

阿拉斯加湾渔夫问："这又花多少时间呢？"

英国人回答："十五到二十年。"

阿拉斯加湾渔夫问："然后呢？"

英国人大笑着说："然后你就可以在家当皇帝啦！时机一到，你就可以宣布股票上市，把你的公司股份卖给投资大众。到时候你就发啦！你可以几亿几亿地赚！"

"然后呢？"

英国人说："到那个时候你就可以退休啦！你可以搬到海边的小渔村去住。每天睡到自然醒，出海随便抓几条鱼，跟孩子们玩一玩，再跟老婆睡个午觉，黄昏时，晃到村子里喝点小酒，跟哥儿们玩玩吉他。"

阿拉斯加湾渔夫疑惑地说："我现在不就是这样了吗？"

故事微语

有位哲人说过："做人的极致是平淡。"简单的生活让人轻松快乐，简单的欲望让人平和宁静。因为简单，才深悟生命之轻，轻若飞花，轻似落霞，轻如雨丝；因为简单，才洞悉心灵之静，静若夜空，静似幽谷，静如小溪。

简单是一种平淡，不是枯燥；简单是一种平凡，不是平庸，简单是一种原汁原味的美。一切的简单都蕴涵着淡泊宁静的真实。生活就是这样的简单，亲情、爱情、友情编织在一起组成的一幅幅的幸福画卷。

心灵箴言

静以修身，俭以养德。

——诸葛亮

诗是强烈感情的自然流露，它源于宁静中积累起来的情感。

——[英] 华兹华斯

我整个生命都在书房里，坐在这里，感到内心的宁静，这才是真正属于我自己的位子。

——柏杨

第五篇

从爱自己开始，打开心灵之门

学会爱自己，才能勤于律己，明白自己的责任。人生中的很多时刻，我们要学会亲手为自己修枝打杈浇水施肥，将自己培养成为一棵风姿绰约的小树。让我们打开心灵之门，学会爱自己吧！

大声说出爱自己

故事话题

威廉在出生时便患上皮肤癌，全身表面超过百分之五十的皮肤都是黑素瘤，布满了斑点。医生曾说他活不了多长时间，但是之后他活过了五岁、七岁、十一岁。然后，医生再也不审判他了，只是每次都说他会比一般人短命。

现在他二十八岁了。医生对他说，黑素瘤可以医治，但他的黑素瘤不可能完全医治。所谓的完全医治的意思就是：他需要换皮肤，而这大约需要十几年的时间。

最终，他决定用自己的方法与皮肤癌相处。他说：“直到这一刻，我仍然深爱着我的恶性黑素瘤，纵使我们经常经历生死。没有它，就肯定没有今天的我，所以我常常谢谢它，感激它一直在我身边。我想与它活在一起，直至世界末日。”

年前，他让摄影师拍下他的裸照并公开，他说做这件事情的其中一个原因，是他希望用自己的身体现状让别人坦诚地面对他们自己的身体，他并没有希望他们接受他。他说：“只要他们自己面对自己就好，他们就算经历了也大可不接受或忘记这段经历，但也希望他们给自己向自己坦白的一个机会。”

他从不服用任何药物，不做任何电疗化疗，他觉得，身体出现病症并且可以感到疼痛等是相当幸福的，因为你仍可以和身体沟通，这种感觉都像和身体谈恋爱一样亲密美好。

故事解析

威廉的故事告诉我们，即使痛也可以爱自己。大声地说出爱自己吧！一个懂得自爱的人的生活一定是幸福的。

爱自己，是对自己的尊重，也是对父母的尊重。很多时候，我们的生命不仅仅属于我们自己，还属于我们身边的每一个人，父母给予我们生命和关爱，亲朋给予我们帮助和信赖，甚至连陌生人都可能会给予我们微笑的眼神。

无条件地去爱自己吧，我们必须要爱自己才能打开心灵之门，活得更多姿多彩。

故事穿越

克里斯蒂娜出生于阿根廷的一个普通工人家庭。她不仅美丽，更爱美。每次出门，她总是要把自己打扮得漂漂亮亮的。因此，无论克里斯蒂娜走到哪里，都会有醉倒的目光。

母亲很反感克里斯蒂娜如此注重自己的外表，她说："一个女孩子过于注重自己，这很不好。我希望你能把所有的精力都用到学习上来。"父亲这时候却笑了："爱自己，才能爱别人。女孩子本来就是一朵花，就要美得鲜艳，美得靓丽。"母亲这时候也笑了："老头子，我看你非要把女儿惯坏不可！"

可是父亲的疼爱并没有把克里斯蒂娜惯坏，她以优异的成绩考上了拉普拉塔大学法学系，她的美丽与娇艳让她很快就成为学校里一道靓丽的风景，这赢得了很多男生的追求。可是，那些男生很快就全部败下阵来。她是一朵花，可是她不是那种随意被人采摘的花儿。克里斯蒂娜永远牢记着父亲的话：爱自己，才能爱别人。她不仅深爱着自己美丽的身材和外表，更爱自己的品德和灵魂。于是，男同学们送给她一个绰号："刺玫瑰"。

然而，当真爱降临，"刺玫瑰"却不顾一切地把爱情抓住了。他叫基什内尔，相貌平平，却才华横溢。可最让克里斯蒂娜芳心暗许的是他表现出来的对政治的兴趣。两个有着共同兴趣的人，在一起便仿佛有怎么也说不完的话。克里斯蒂娜认为，这才是爱情。

大学毕业，克里斯蒂娜与基什内尔结婚了，生有一儿一女。1983年，夫妻俩双双步入政坛，克里斯蒂娜成功当选阿根廷联邦议员。

2003年，基什内尔当选为阿根廷总统，克里斯蒂娜也就成为了第一夫人。她不仅展现出了第一夫人应有的卓越政治才能和交际才能，还将她美丽的身姿展示给了阿根廷人民，展示给了全世界。她成为全世界最美丽最善良的“国母”，成为了基什内尔最得力的助手。2007 年，基什内尔任期期满，克里斯蒂娜开始从幕后走向前台，竞选阿根廷总统。

克里斯蒂娜要竞选总统的消息传出后，全国人民欢腾起来，同时，也引起了政敌的恐慌。反对派大肆攻击克里斯蒂娜的奢侈，说她的劳力士腕表价值不菲，居然达到 2 万美元，说她身上的装饰价值一辆小汽车，说她有 365 双鞋子，每天都可以更换一双了。反对派最后总结说，这样一个华而不实的女人是不可以成为阿根廷的总统的。面对质疑，克里斯蒂娜表现得很坦诚。她对选民说，是的，他们说的都是事实。可是，爱美有什么错？只有爱自己，才能爱别人，爱祖国，爱人民。难道大家希望选一个邋遢的人做总统吗？不仅如此，克里斯蒂娜还将自己靓丽的照片传到网上，通过网络来帮自己助选。

克里斯蒂娜用她美丽的外表、富有感染力的演讲，赢得了很多选民们的认可。在第一轮的竞选中，克里斯蒂娜就以高票胜出。竞选还没结束，对手就偃旗息鼓，祝贺她当选总统。克里斯蒂娜在她领导阿根廷人民的四年间，克服了全球金融危机，使经济建设取得了重大成就，还降低了失业率。她的努力赢得了阿根廷人民的认可和赞颂。2011 年 10 月 23 日，克里斯蒂娜以 53%的得票率获得连任。

故事微语

人生路漫漫，我们首先要做的就是爱自己。如果你能够尊重自己、热爱自己，那么，你就可以像克里斯蒂娜那样，成为一个受人爱戴的人。

学会爱自己，才会让我们在面对困难、失败和无奈的时候，依然扬起自信的脸庞，坚强、潇洒、完美地活下去。让我们大声说出爱自己吧！热爱自己的人才容易得到大家的爱和尊重。

心灵箴言

自我热爱远非缺点，这种定义是恰当的。一个懂得恰如其分地热爱自己的人，一定能恰如其分地做好其他一切事情。

——[加拿大] 哈利法克斯

基于人性的平等自己爱自己“自爱”：对自我的性格、发展的认可是关爱他人的基础。知道什么对自己是好的，才会知道什么对别人是好的，人人平等，包括我在内。

——陈果

女人什么时候开始享受？无数的女人，在慷慨大度地向人间倾泻爱的时候，她们太不爱一个人了——那就是她们自己。女人们，给自己留一点享受的时间和空间吧。不要一拖再拖，不要一等再等。

——毕淑敏

羡慕他人不如做好自己

故事话题

有一次，上帝问几个即将死去的动物来生要成为什么样的动物。

猪说："假如让我再活一次，我要做一头牛，工作虽然累点，但名声好，受人尊重。"

牛说："假如让我再活一次，我要做一头猪，吃了就睡，睡了就吃，不出力，不流汗，活得太潇洒了！"

鹰说："假如让我再活一次，我要做一只鸡，渴了有水喝，饿了有米吃，会有自己的住房，还受到人类的保护。"

鸡说："假如让我再活一次，我要做一只鹰，可以翱翔天空，自由自在，还可以任意捕兔杀鸡。"

上帝然后将它们的答案公布后，大家都惊呆了：原来也有其他的动物在羡慕自己，想成为自己。

故事解析

我们总是不由自主地羡慕别人拥有的东西，唯独忽视了一点，我们自己也是别人羡慕的对象。其实，人总是这样互相羡慕的。有的人常常幻想有一天一觉醒来，自己就会成为某某一样的人。其实，这个世界并不存在十全十美，那些我们羡慕的人同时也在承受着他们的不如意。

羡慕别人是因为我们期待完美，期望可以活得更好。所以，我们可以通过观察别人的长处来修正自己的短处，与其仰望别人的幸福，不如注意别人经营幸福的方法；与其羡慕别人的好运气，不如借鉴别人努力的过程。

所以，羡慕别人，不如做好自己。守住自己所拥有的，想清楚自己真正想要的，我们才会真正快乐。

故事穿越

一只八哥很羡慕人类所说的话语，于是它偷偷地跟着主人苦学了三年，最后终于能够流利地说一口人语。

八哥很高兴，就去报名参加当年的“鸟类动物才艺展示大赛”。

在才艺大赛中，八哥将它学到的人语向评委做了充分展示，它自己也认为它说的人语是其他鸟类动物所不能相提并论的，简直就和真人所说的毫无差异。

八哥想自己肯定能获得一个理想的名次，但结果却是，它的成绩甚至还不如那只只会“呱呱”乱叫的老鸹。

八哥不明白这其中的原因，就去问大赛评委之一的凤凰。凤凰告诉它：“你的‘人语’虽然说得极佳，但是你却完全迷失了自己呀！”

听到这，八哥羞愧地低下了头……

故事微语

“凤凰”说的话确实有一定的道理。虽然，其他人会在某些方面超出我们，但仰望别人的同时，却不能迷失自己，否则，必然就会像“八哥”一样得不偿失。

与其羡慕别人，不如做好自己。如果自己因为羡慕他人而陷入到对他人的效仿之中，只会让自己整天活在他人的影子里面。盲目的攀比，不会带来快乐，只会带来烦恼；不会带来幸福，只会带来痛苦。

我们每个人要找到属于自己的位置，走自己的道路，踏踏实实地做好自己。

心灵箴言

走自己的路，让别人说去吧。

——[意] 但丁

要克服生活的焦虑和沮丧，得先学会做自己的主人。

——佚名

不是每一个人都要站在第一线上的，各人应该做自己份内的工作。

——[俄] 赫尔岑

鼓励自己，要常常仰望天空

故事话题

一个女孩儿，高中毕业后，只身一人来到北京闯荡。18 岁的她，没有像样的文凭，自然在北京这个大城市里面也就找不到像样的工作。

这个女孩儿好不容易托老乡找到了一份打字员的工作，一个月 1400 元，她和几个老乡一起住在一间简陋的房子里面，一张床铺一晚 20 元。

除了打字外，女孩儿几乎没有其他的事可以做。她从家里带来的书还是高中时念的英语书。她没事的时候就会拿出来翻看。直到书的边上都起卷了。甚至于她可以闭着眼睛从书的最后一页背到最前一页。

就这样，她攒了一年的钱，终于攒够了一个英文班的培训费。同屋的老乡笑话她："你这么学根本是没有用的。有多少人是科班出身？公司里的人又不是傻子，放着科班出身的毕业生不录用，就录用你？"她什么也不说，只是笑笑。

女孩儿一边打工，一边上学。六年中，工作换了很多个，待遇也变得越来越高，开始 1400 元，接着是 1600 元，不久 1800 元，跟着 2200 元，然后升到 2500 元，她的英文也由三级提高到四级，最后是六级的证书也拿到了手，并且已经能和老外交流了。

最近，女孩儿又换了工作，在一家外企，月薪 6000 元。她搬出了之前住的那个地方，与另一个女孩儿合租了一套两室一厅的房子。不久之后，她认识了一个和她公司有着业务来往的部门主管，小伙子也是外地人，毕业后独自留在北京打工。

后来，小伙子和女孩儿结婚了，并买了自己的房子。

一天，女孩儿上街碰到了曾经和她一起住在简陋的房子里的老乡——老乡还是住在那里，老乡说一切都没有什么变化，只是和自己合租的女孩已经换了一波又一波……

故事解析

生活就是这样，就像一杯茶，不可能总是苦的，只要通过自己的努力，就一定有变得甘甜的那一天。

我们要好好去爱生活。青春如此短暂，我们要时常鼓励自己。学会自己对自己说：我可以，我能行！给自己一个远大的前程和目标。记得常常仰望天空。

我们应该学会激励自己。激励可以让我们在黑暗中找到光明；激励自己，让自己变得更加勇敢；激励自己，可以让我们更好地前行，它给了我们无穷的胆量和信心，让我们勇敢地面对困难。

故事穿越

1926 年，大村文年从东京大学法律系毕业后进入了“三菱矿业”，成为一名小职员。

当公司举行新人欢迎会的时候，大村文年对那些和他同时进入公司的同事说：“我将来一定要成为这家公司的领导。”

大村文年说出自己的豪言壮语之后，便开始他的长远计划。凭其旺盛的斗志与惊人的体力，数十年如一日，他孜孜不倦地工作，如今已经远远超过众多资深的干部与同事，在毫无派系背景之下，完全凭借自己的实力，冲破险境，在入职三十五年之后当上了“三菱矿业”的总经理。

以三菱财阀的历史而言，未到六十岁便成为直系公司的总经理，已然是一个奇迹。他的就职经历惊动了日本工商界人士。

故事微语

每个人都需要不断地进行自我激励，只有不断鼓励自己，才能最大限度地发挥自己的潜力，取得一定的成就。最好的鼓励源自于我们的内心。自己相信自己，自己鼓励自己，常常仰望天空，相信自己的前途一片光明。

激励是开发人潜能的内在力量，它能够让弱者变坚强，让人在无助的时候找到战胜困难的信心。激励是我们战胜困难的一把利剑，它使我们的全身充满勇气和前进的动力，它时刻在告诫着我们要坚持不懈，自强不息。

心灵箴言

只有千锤百炼，才能成为好钢。

——谚语

世界会向那些有目标和远见的人让路。

——冯两努

乐观者在灾祸中看到机会，悲观者在机会中看到灾祸。

——佚名

做自己，体味简简单单的幸福

故事话题

麦克·英泰尔是一个平凡的上班族，他在自己三十七岁那年做出了一个疯狂的决定：放弃高薪水的记者工作，把身上仅有的三块多美元捐给了街角的流浪汉，仅仅带着干净的内衣裤，从阳光明媚的加州，靠搭便车和陌生人的仁慈，横越美国。

麦克·英泰尔的目的地是美国东岸北卡罗莱纳州的恐怖角。

这只是麦克·英泰尔精神快崩溃时做的一个仓促决定。某个午后，麦克·英泰尔忽然哭了，因为他问了自己一个问题：如果有人通知我今天就要死去，我会后悔吗？答案竟是那么的肯定。虽然自己拥有好工作、亲友和快乐，但他却发现自己这辈子从来没有下过什么赌注，甚至于自己的人生从没有经历过高峰或低谷。

麦克·英泰尔为了自己懦弱的上半生哭泣起来。

一念之间，麦克·英泰尔选择了北卡罗莱纳的恐怖角作为最终目的，借以象征他征服了生命中的所有恐惧。

他检讨自己，很诚实地为自己的恐惧开出一张清单：小时候他怕保姆、怕邮递员、怕鸟、怕猫、怕蛇、怕蝙蝠、怕黑暗、怕大海、怕飞虫、怕城市、怕荒野、怕热闹又怕孤独、怕失败又怕成功、怕精神崩溃……他无所不怕，却“英勇”地当了记者。

这个懦弱的三十七岁的男人在上路前竟还接到一个老奶奶的纸条：“你一定会在路上被人强暴。”但他成功了，四千多英里路，七十八顿饭，仰赖了八十二个陌生人的仁慈，他到达了目的地。

没有接受过任何金钱的馈赠，他终于来到恐怖角，接到女友寄给他的提款卡。他不是为了证明金钱无用，只是用这种正常人会觉得无聊的艰辛旅程来使自己直面所有恐惧。

恐怖角到了，但恐怖角并没有想象中的恐怖。原来“恐怖角”这个名称，是由一位16世纪的探险家取的，本来叫“CapeFaire”，被讹写为“CapeFear”，这仅仅是一个失误。

麦克·英泰尔终于明白：“这名字的不当，就像我自己的恐惧一样。我现在明白自己一直害怕做错事，我最大的耻辱不是恐惧死亡，而是恐惧生命。”

花了六个星期的时间，到了一个和自己的想象截然不同的地方，他得到了什么？

得到的不是目的，而是过程。虽然苦到绝不会想要再来一次，但在回忆中是甜美的信心之旅。

故事解析

麦克·英泰尔终于战胜困难，做了一次成功的自己。在人生道路上徘徊的朋友们，请一定要记住：你仅仅属于你自己，没有谁可以代替你，所以不要太在意别人对自己的评价，你要做自己灵魂的主人！做自己，体味简简单单的小幸福。

人生最大的学问就是，如何做自己，如何掌握自己的命运。只有做自己，才能更好地体味简简单单的小幸福，如果一味地活在他人的理想之中，活在他人的指指点点之中，也就无法体味到更多的幸福。

故事穿越

有一天，师徒二人赶着一匹马进城，徒弟在前，师父在后，半路上有人笑他们：“真笨，有马竟然不骑！”师父觉得有理，便叫徒弟骑上马，自己走路。

走了不久，又有人说：“真是不孝的徒弟，竟然让自己的师父走路！”师父赶忙叫徒弟下来，自己骑上马背。

走了一会儿，又有人说：“真是狠心的师父，自己骑马，让徒弟走路，不怕把徒弟累死？”师父连忙叫徒弟也骑上马背，这下子总该没人有意见了吧！

谁知又有人说：“两个人骑在马背上，不怕把那瘦马压死？”师徒俩赶快溜下马背，把马四只脚绑起来，一前一后用杠子抬着。经过一座桥时，马因为不舒服，挣扎了一下，结果掉到河里淹死了。

故事微语

很多人做人做事就像这故事里面的师徒一样，过于在乎别人的看法。别人说什么，他就听什么，无论别人提出任何意见总是采纳，结果走着走着便迷失了自己。

生活有时候就像一部戏，我们导演着自己的角色，命运总是掌握在自己手中。人生最大的学问就是：如何主宰自己的命运，做自己灵魂的主人。能掌握自己命运的人才能称得上是独立的人，才能称得上自己的主人。做自己才能更好地体味简简单单的幸福。

心灵箴言

有勇气做真正的自己，单独屹立，不要想做别人。

——林语堂

世上唯有一个真理：便是忠实于人生，并且热爱人生。

——[法] 罗曼·罗兰

人们可以支配自己的命运，若我们受制于人，那错不在命运，而在我们自己。

——[英] 莎士比亚

给心灵留点空间，让阳光照进来

故事话题

一个雕塑工匠正在专心地雕刻一尊尊的佛像，这引来很多人好奇地围观。

很快就有人发现雕刻工匠所雕刻的佛像几乎都是眼睛小、鼻子大。

围观者大惑不解，便问雕刻工匠："你为什么把佛像都雕成眼睛小、鼻子大的模样？佛像不都是长得端端正正的模样吗？"

雕塑工匠笑曰："鼻子大了可以改小，眼睛小了可以改大，如果眼睛大了改小，鼻子小了改大，则非常困难，几乎是不可能的了。"

故事解析

工匠在雕刻佛像的时候会给它们留点可以修改的空间，其实，在很多时候，我们也需要给自己的心灵留下一点空间，可以随时调整自己。

心灵有空余的空间，明媚的阳光才会照进来。我们转身面向阳光，就不可能陷身在阴影里。

要想拥有美好的生活就应该拥有一颗轻松自在的心，不管外界如何变化，自己都能有一方清静的天地。我们要给自己的心灵留点空间，让阳光可以随时照进来。

故事穿越

一位年轻人到少林寺中向方丈求教，谈到世态炎凉，他感慨道：“大师，人与人之间的关系太复杂了，不是尔虞我诈，就是虚情假意，实在是没意思。请问这是为什么？我该如何面对呢？”

此时，树上的鸟儿开始啼叫起来。接着，有零星的鸟粪开始落下，差点儿沾到年轻人的衣服上。年轻人用手指着鸟儿怒吼：“该死的东西，没长眼睛！”

“善哉善哉！”方丈说道，“施主，看看你伸出的手——道理就在其中。”

后生看了看自己伸出的手——食指指向树上的鸟儿，大拇指指向天空，中指、无名指、小指都非常自然地指向了自己。

看着后生纳闷的样子，大师解释道：“你瞧，你指责鸟儿的手形，意味着指责别人的手指是一个，而指责自己的手指是三个，也就是说假如要指责别人，那么自己首先要承担三倍的指责。严以律己，宽以待人，人情世故就不再是你看到的这个样子。至于那个指向天空的大拇指，则意味着还有一些事情谁也没想到的，而且也说不清楚，于是只好由上天来裁决了。”

方丈望着树上啼叫的鸟儿，接着说：“鸟儿是无辜的，因为树木本来就是飞禽栖息之处，有鸟粪落下来是很自然的事。怪只怪我们站错了地方。世间万物没有绝对的对与错、是与非，所有也没必要凡事都分个高低、争个胜负，退一步则海阔天空。”

故事微语

阳光心态是这个年轻人真正缺乏的，他没有给自己的心灵留下足够的空间，让阳光顺利地照进来。生活是如此的多姿多彩，让我们更好地展现青春的激情，放飞青春的梦想。让多一点的阳光照射自己，照进心灵，温暖我们吧！

让阳光照进心灵，让生命充满无限的活力，给人生注入永无休止的力量，让自己的心态变得更积极向上。让多一点的阳光，摄入你的心灵，用自己青春的斗志，去面对风雨的冲刷与洗礼吧。

心灵箴言

成功是一种态度！

——[英] 皮尔

世界如一面镜子：皱眉视之，它也皱眉看你；笑着对它，它也笑着看你。

——[英] 塞缪尔

心态若改变，态度跟着改变；态度改变，习惯跟着改变；习惯改变，性格跟着改变；性格改变，人生就跟着改变。

——[美] 马斯洛

心灵榜样微史话

卢梭

卢梭，法国伟大的启蒙思想家、哲学家、教育家、文学家，是18世纪法国大革命的思想先驱，启蒙运动最卓越的代表人物之一。

卢梭的主要著作有《论人类不平等的起源和基础》、《社会契约论》、《爱弥儿》、《忏悔录》、《新爱洛漪丝》、《植物学通信》等。卢梭生前遭人唾弃，死后却受人膜拜。卢梭被安葬于巴黎先贤祠。1791 年 12 月 21 日，国民公会投票通过决议，给大革命的象征卢梭树立雕像，以金字题词——“自由的奠基人”。

卢梭的观念渗入社会风气，成为时尚。年轻人模仿《爱弥儿》，要做“居住在城里的野蛮人”。路易王太子也深受《爱弥儿》的影响，按照卢梭的观点从小教育他的儿子，学一门手工匠人的手艺。据说，这就是路易十六那个著名的嗜好——业余锁匠的由来。

马库斯

马库斯·鲁特埃勒，生于 1975 年 11 月 4 日，前海豹突击队员，上士军衔。马库斯·鲁特埃勒，1999 年 3 月加入美海军，2002 年 1 月作为一名接受作战训练的海豹队员被授予三叉戟徽章，2003 年 4 月加入海豹第五分队，被派往巴格达。因 2005 年在阿富汗的红翼行动获得海军十字勋章。2006 年因作战英勇被小布什总统授予海军十字勋章。

马库斯·鲁特埃勒于 2006 年回到美国，写了《孤独的幸存者》，于 2007 年离开美国海军，随后通过一个海军的档案管理机构办理了病退。2008 年，马库斯·鲁特埃勒在美国国家步枪协会举办的一个论坛上发表了演讲。

2010 年，马库斯·鲁特埃勒成立了“孤独的幸存者”基金会，总部位于他在得州的家乡。基金会设立于“孤独的幸存者农场”。孤独的幸存者农场占地将近 12 平方公里，为回家的军人提供全面的服务。

海伦·凯勒

海伦·凯勒（1880—1968），19 世纪美国女作家、教育家、慈善家、社会活动家。享年 88 岁。87 年生活在无声、无光的世界中。在十九个月时因患猩红热而被夺去视力和听力。她完成了一系列著作，并致力于为残疾人造福，建立慈善机构，1964 年荣获“总统自由勋章”，次年被美国《时代》周刊评为二十世纪美国十大英雄偶像之一。主要著作有《假如给我三天光明》、《我的生活》等。

《假如给我三天光明》是海伦·凯勒的代表作。该书的前半部分主要写了海伦变成盲聋人后的生活，后半部分则介绍了海伦的求学生涯。同时也介绍她体会不同的丰富多彩的生活以及她的慈善活动等等。她以一个身残志坚的柔弱女子的视角，告诫身体健全的人们应珍惜生命，珍惜造物主赐予的一切。

凡·高

凡·高（1853—1890），荷兰后印象派画家。他是表现主义的先驱，并深深地影响了二十世纪艺术，尤其是野兽派与表现主义。凡·高的作品，如《星夜》、《向日葵》与《有乌鸦的麦田》等，现已跻身于全球最著名、广为人知与珍贵的艺术作品的行列。1890 年 7 月 29 日，因精神疾病的困扰，曾割掉耳朵，后在法国瓦兹河饮弹自杀，时年 37 岁。

《向日葵》系列作品是凡·高的代表作。凡·高共创作了 11 幅有关向日葵的画作，如今作品分布在荷、英、美、日、德等国。

安徒生

汉斯·克里斯蒂安·安徒生（1805—1875），丹麦 19 世纪著名的童话作家和诗人，既是世界文学童话的代表人物之一，也是个虔诚的基督教徒，被誉为“世界儿童文学的太阳”。为追求艺术，他 14 岁时只身来到首都哥本哈根。经过 8 年奋斗，终于在诗剧《阿尔芙索尔》的剧作中崭露才华。因此，被皇家艺术剧院送进斯拉格尔塞文法学校和赫尔辛欧学校免费就读。1828 年，升入哥本哈根大学。

安徒生文学生涯始于 1822 年的编写剧本。进入大学后，创作日趋成熟。曾发表游记和歌舞喜剧，出版诗集和诗剧。1833 年出版长篇小说

《即兴诗人》，为他赢得国际声誉，是他成人文学的代表作。他最著名的童话故事有《小锡兵》、《海的女儿》、《拇指姑娘》、《卖火柴的小女孩》、《丑小鸭》、《皇帝的新装》等。

克里斯蒂娜

克里斯蒂娜·费尔南德斯·基什内尔，阿根廷律师、政治家，现任阿根廷总统，就任前为阿根廷第一夫人。克里斯蒂娜的丈夫为已去世的阿根廷前总统、南美洲国家联盟首任秘书长内斯托尔·卡洛斯·基什内尔。

克里斯蒂娜是阿根廷继伊莎贝尔·庇隆之后的第二位女性总统，也是阿根廷第一位由民主选举产生的女总统。克里斯蒂娜也是南美地区的第二位女总统，现任智利总统巴切莱特是第一位南美洲女性总统。2011 年 10 月 23 日，克里斯蒂娜以绝对优势获胜，赢得连任。

庄子

庄子（约前 369—前 286），名周，字子休，战国中期宋国蒙人。著名的思想家、哲学家和文学家，道家学派的主要代表人物。庄子生平只做过漆园吏，因崇尚自由而不应同宗楚威王之聘。老子思想的继承和发展者。后世将他与老子并称为“老庄”。他们的哲学思想体系，被思想学术界尊为“老庄哲学”。

庄子最早提出“内圣外王思想”对儒家影响深远；庄子洞悉易理，深刻指出“《易》以道阴阳”；庄子“三籁”思想与《易经》三才之道相合。

庄子代表作品为《庄子》以及名篇有《逍遥游》、《齐物论》等。《庄子》的出现，标志着在战国时代，中国的哲学思想和文学语言，已经发展到非常玄远、高深的水平，是中国古代典籍中的瑰宝。

希迁

希迁禅师（700—790），唐代禅僧。俗姓陈，端州高要人。希迁年轻时即沉毅果断，自信力强。他反对乡邑迷信神祠、定期杀牛洒酒的祭祀，每逢祀期，就前往毁祠夺牛，态度坚决。希迁的禅法总结于他所撰的《参同契》。

旋赴曹溪，投禅家南宗惠能门下，受度为沙弥。惠能逝世时，他还没有受具足戒。不久，前往吉州青原山静居寺，依止先得曹溪心法的行思禅师，因机辩敏捷，受到行思的器重，有“众角虽多，一麟已足”的称誉。不久，行思又命希迁持书往参曹溪门下的另一位宗匠南岳怀让，经过一番锻炼，再回到静居寺。后来行思就付法与他。唐玄宗天宝初年，希迁离开青原山到南岳，受请住衡山南寺。代宗广德二年，希迁应门人之请，下山住端梁弘化，和当时师承南岳怀让住江西南康弘化的马祖道一，称并世二大士。

林清玄

林清玄，台湾高雄人，当代著名作家、散文家、诗人、学者。笔名秦情、林漓、林大悲、林晚啼、侠安、晴轩、远亭等。1953 年生于中国台湾省高雄旗山。毕业于中国台湾世界新闻专科学校。

林清玄是台湾作家中最高产的一位，也是获得各类文学奖最多的一位，被誉为“当代散文八大作家”之一。1973 年开始创作散文。1979 年起连续 7 次获台湾《中国时报》文学奖、散文优秀奖和报道文学优等奖、台湾报纸副刊专栏金鼎奖等。他的散文文笔流畅清新，表现了醇厚、浪漫的情感，在平易中有着感人的力量。

林清玄的作品有散文集《莲花开落》《冷月钟笛》《温一壶月光下酒》《鸳鸯香炉》《金色印象》《白雪少年》《桃花心木》《在梦的远方》《在云上》《心田上的百合花》《菠萝蜜》《用岁月在莲上写诗》等。

林徽因

(1904—1955)，福建闽县（今福州市区）人，出生于浙江杭州，原名林徽音，其名出自“《诗经·大雅·思齐》：大姒嗣徽音，则百斯男”。后因常被人误认为当时一作家林微音，故改名徽因。林徽因是中国著名女诗人、作家、建筑学家。人民英雄纪念碑和中华人民共和国国徽深化方案的参与设计者、建筑学家梁思成的第一任妻子。三十年代初，同梁思成一起用现代科学方法研究中国古代建筑，成为这个学术领域的开拓者，后来在这方面获得了巨大的学术成就，为中国古代建筑研究奠定了坚实的科学基础。文学上，著有散文、诗歌、小说、剧本、译文和书信等，代表作《你是人间四月天》，《莲灯》，《九十九度中》等。其中，《你是人间四月天》最为大众熟知，广为传诵。

刘德华

刘德华，1961 年 9 月 27 日生于香港，演员、歌手、词作人、制片人，影视歌多栖发展的代表艺人之一，也是位有使命感的电影人。

1981 年以全优成绩毕业于 TVB 艺训班签约出道，1982 年初涉影坛，至 2013 年已获 3 届金像奖最佳男主角奖、2 届金马奖最佳男主角奖，2005 年获颁香港院线“1985—2005 年全港最高累积票房香港男演员”奖，2006 年被授予香港演艺学院荣誉院士。

1991 年创办电影公司，2005 年成为华语电影传媒大奖中国电影百年形象大使，2006 年获釜山国际电影节亚洲最有贡献电影人大奖。

1985 年首发专辑，6 夺 TVB 香港最受欢迎男歌手奖，是吉尼斯世界纪录中获奖最多的香港男歌手。

1994 年创立“刘德华慈善基金会”，2000 年被评为“世界十大杰出青年”，2008 年被委任香港非官守太平绅士，2010 年获颁“世界杰出华人奖”，同年起任中国残疾人福利基金会理事并担任副理事长。

心灵修养用语微解

完美： 完美指完备美好，没有缺陷，是心里遐想的世界，现实中并不存在，是人们渴望得到并追求的一种理念和动力，是存在思想中的。反义词：残缺、缺憾。

热情： 人参与活动或对待别人所表现出来的热烈、积极、主动、友好的情感或态度。反义词：冷漠。热情是与人生观、价值观有关联的，是一个人态度、兴趣的表现。

想象： 一种特殊的思维形式。是人在头脑里对已储存的表象进行加工改造形成新形象的心理过程。它能突破时间和空间的束缚。想象能起到对机体的调节作用，还能起到预见未来的作用。

角色： 指演员扮演的剧中人物，也比喻生活中某种类型的人物和戏曲演员专业分工的类别。洪深《最近的个人的见解》：“角色——全剧人数，不宜太多，以能适合上演于小舞台者为最宜。”

积极： 正面的；促进发展的；努力进取的。郭沫若《洪波曲》：“从积极方面来说，歌咏可以团结自己的力量。”魏巍《东方》第五部第一章：“持久作战，积极防御。这是我们当前的作战方针。”

淡泊： 一是对于名利淡漠，不看重；二是家道清贫；三是恬淡寡欲。《东观汉记•郑均传》：“好黄老，淡泊无欲，清静自守。”秦观《送蔡子襄用蔡子俊韵》：“故人淡泊出天性，鷦鷯巢林一枝足。”

欣赏： 享受美好的事物，领略其中的趣味；认为好，喜欢，表示称赞。陶潜《移居》诗之二：“奇文共欣赏，疑义相与析。”刘白羽《日出》：“但很长很长时间，我却没有机缘看日出，而只能从书本上去欣赏。”

鼓励： 激发；勉励。也指振作精神。鼓励使人进步，打击使人落后。无论在东方还是在西方，人们都把由衷的夸奖和鼓励看作是人类心灵的甘泉。刘献廷《广阳杂记》卷五：“臣惟亲列行伍，鼓厉官兵，水陆督战。”

信手拈来：出自苏轼《次韵孔毅甫集古人句见赠》：“前身子美只君是，信手拈来俱天成。”解释为随手拈取过来。多形容写作诗文时运用材料、驾驭语言随意自如。连动式；做谓语、定语、状语；用于写作等，后不可加宾语。

内疚：内心感觉惭愧不安。近义词：羞愧、惭愧、抱愧、抱歉。反义词：得意、无愧。《文选·嵇康》：“惩难思复，心焉内疚。”陶潜《荣木》诗：“我之怀矣，怛焉内疚。”和邦额《夜谭随录·白萍》：“渐近余园，林内疚，止步不前。”

束缚：捆绑，指约束限制。《国语·齐语》：“庄公将杀管仲。齐使者请曰：‘寡君欲以亲为戮……’于是庄公使束缚以予齐使，齐使受之而退。”《史记·李斯列传》：“李斯拘执束缚，居囹圄中。”陆游《书感》诗：“幸得还故园，快若解束缚。”

微笑：是弯曲的嘴两端附近的肌肉所形成的面部表情。在人与人之间，它是一个表达方式，表示愉悦、欢乐、幸福或乐趣，但也可以是一个焦虑的非自愿性的表达，在这种情况下，它是作为一个鬼脸。微笑是不分文化、种族或宗教，每个人都能理解的，它是国际通用的。

平淡：平淡不同于平庸与淡而无味，是深厚的感情和丰富的思想用朴素的语言说出，富有情味的，所以说往往平淡而有思致。平淡又称质朴，其特点是选用确切的字眼直接叙述，全用白描，不加修饰，显得真切深刻，又平易近人。韩愈《送无本师归范阳》诗：“奸穷怪变得，往往造平澹。”

心灵：一个器官，是将动物在生物学的层面上与植物区分开来的分界线。心灵是一个生命场，它是以“场”这样的一种形式与我们的其他器官发生相互作用的；同时，心灵也是一个能量场，它的能量是通过人体对食物的消化吸收后转化而来的，并且，这部分能量只会在履行其自身的功能以及在其成长发育的过程中被消耗掉。